Lea Rahman

Neokoloniale Strukturen in der internationalen Klimapolitik

Lea Rahman

Neokoloniale Strukturen in der internationalen Klimapolitik

Eine postkoloniale Perspektive auf den Diskurs im Rahmen der UN-Klimakonferenzen

Mit einem Vorwort von PD Dr. Ulrich Roos

Tectum Verlag

Lea Rahman
Neokoloniale Strukturen in der internationalen Klimapolitik. Eine postkoloniale Perspektive auf den Diskurs im Rahmen der UN-Klimakonferenzen

ISBN 978-3-8288-4599-2
ePDF 978-3-8288-7662-0

Umschlaggestaltung: Tectum Verlag, unter Verwendung des Bildes
660442843 von NASA images | www.shutterstock.com

Gesamtverantwortung für Druck und Herstellung:
Nomos Verlagsgesellschaft mbH & Co. KG
Printed in Germany

Besuchen Sie uns im Internet
www.tectum-verlag.de

Bibliografische Informationen der Deutschen Nationalbibliothek
Die Deutsche Nationalbibliothek verzeichnet diese Publikation in der Deutschen Nationalbibliografie; detaillierte bibliografische Angaben sind im Internet über http://dnb.d-nb.de abrufbar.

Inhalt

Vorwort

Je intensiver die gravierenden Auswirkungen des anthropogenen Klimawandels in das Bewusstsein der immer reflexiver werdenden Weltöffentlichkeit treten, umso mehr politische Aufmerksamkeit wird dem Problem und dessen Bearbeitung zuteil. Ein wesentliches Spezifikum des Klimawandeldiskurses ist daher wohl, dass die Nicht-Thematisierung des zugrundeliegenden Problems seitens staatlicher Akteure nicht (mehr länger) möglich ist. Zwar werden zu Dringlichkeit, Ursachen, Auswirkungen und zur Frage der Klimagerechtigkeit sehr unterschiedliche Positionen bezogen, aber das Thema zu ignorieren, es zu ver- oder gar totzuschweigen, es durch Non-Kommunikation aus der Welt zu halten, dies ist inzwischen unmöglich geworden. Der Klimawandeldiskurs wird die politische Kommunikation des 21. Jahrhunderts bestimmen. Und genau dies unterscheidet den Klimawandeldiskurs vom Diskurs über Neokolonialismus. Denn obwohl die bis heute andauernde imperiale Unterwerfung, die grausame Vergewaltigung ganzer Gesellschaften, die von nie enden wollender Gier getriebene Ausbeutung, die Versklavung des Menschen durch den Menschen sowie die immer neuen Formen von Ermordung, Folter und die altbekannten Rituale der Demütigung seit Jahrhunderten offensichtlich sind, wird die gegenwärtige neokoloniale Variante des hierfür ursächlichen Herrschaftsprozesses in den Gesellschaften des globalen Nordens weitgehend ignoriert. Umso vielversprechender erscheint der Versuch, diese beiden Formen von Gewalt – die gewaltförmige Veränderung des Weltklimas und die koloniale Gewalt – miteinander in Beziehung zu setzen und nach deren historischen und systemischen Zusammenhängen zu fragen und die Gegenwart dieser Zusammenhänge entlang eines klar konturierten Gegenstandsbereichs in den Blick zu nehmen. Die jährlichen Conferences of the Parties der UNFCC (United Nations Framework Convention on Climate Change) bilden einen gleichermaßen relevanten wie geeigneten Gegenstand, um der Frage nachzugehen, ob und gegebenenfalls wie neokoloniale Strukturen auch in der internationalen Klimapolitik sichtbar werden. Diese – von Lea Rahman aufgeworfene – Frage ist nicht bloß irgendwie relevant, sie nimmt den Nukleus gegenwärtiger Probleme des Weltregierens und der inter- wie transnationalen Politik in den Blick. Denn zwischen Klimawandel, Kolonialismus, Imperialismus, Extraktivismus und Hegemonie der neoklassischen Ökonomik besteht nicht bloß irgendein Zusammenhang unter vielen im Kosmos der Zusammenhänge. Die Geschwindigkeit der Industrialisierung und ökonomischen Expansion der (zunächst europäischen) Staaten wäre ohne Kolonialismus und Imperialismus nicht denkbar gewesen und umgekehrt gilt dasselbe. Der Ressourcenraub, die Landnahme und die gewaltförmige Aneignung menschlicher Arbeitskraft befeuerten die ökonomische Expansion, die ökonomische Expansion potenzierte das Machtungleichgewicht zwischen Gewalttätern und deren Opfern, schuf ein totales System von Abhängigkeit und Dominanz, das etwa durch völkerrechtliche Fesseln konstruiert wurde. Dass die Autorin der vorliegenden Arbeit eingedenk dieser Faktenlage nicht der Versuchung erliegt, den (vermeintlich) „Stimmlosen eine Stimme geben" zu wollen, ist wichtig. Denn schon der eine solche Absicht fundierende Befund wäre falsch: Die Dritte Welt, der Globale Süden verfügen über Stimme in der internationalen Politik. Sie sprechen und erklären ihr Leiden. Bloß, und dies bildet die Analyse in Übereinstimmung mit einer Vielzahl gleichlautender Studien ab, sind diese Stimmen im Vergleich zu jenen der Industriestaaten sehr leise, finden kaum Gehör und auch wenn es banal anmuten mag: Die Verletzlichkeit deren Lebenswelt bleibt in den untersuchten Sprechakten der Repräsentant*innen der Industriestaaten Randnotiz. Statt die juristische und historische Verantwortung für das eigene Handeln und dessen Auswirkungen zu übernehmen, zielt der globale Norden zuvorderst auf die totale Verunmöglichung jedweder juristischer Kompensationsansprüche zu erlittenen Verlusten und Schäden. An deren Stelle sollen „freiwillige Hilfsleistungen" treten, in Verbindung mit der Idee, dass sogenannte Klimarisikoversicherungen die Lage in den betroffenen Gesellschaften retten könnten. Hierin zeigt sich nicht mehr, aber auch nicht weniger, als der absolute Wille zur möglichst endlosen Perpetuierung der ökonomischen Ausbeutungsverhältnisse, also der Wille zur Durchsetzung und Aufrechterhaltung des neokolonialen Herrschaftssystems. Der Raubzug soll weiter gehen. Das vorliegende Buch spricht also nicht für den globalen Süden, sondern dechiffriert aktuelle Ausformungen epistemischer Gewalt aus Perspektive und Position einer in den globalen Norden und sein System Eingebundenen. Die Befunde der vorliegenden, akribisch ausgearbeiteten, wissenssoziologischen Diskursanalyse reklamieren dabei nicht als Akt der Selbstreinwaschung für Dritte zu sprechen, sondern sprechen für sich und die Autorin auch zu sich selbst und den eigenen Gesellschaften des globalen Nordens. Die Analyse adressiert insofern die kollektiven (Ge-)Wissens- und Entscheidungssysteme der hegemonialen Staaten sowie die Grundlagen des Legitimitätsglaubens spätkapitalistischer Gesellschaften.

Ulrich Roos
Frankfurt am Main, im Dezember 2020

1. Einleitung

„We have squandered twenty-five years in zero sum debates even as our indecision accelerates the literal burning and collapse of our world. Our children are in the streets marching while leaders of big nations are dithering and retreating from their responsibilities. (…)

Our capacities to sustain ourselves are rapidly and uncontrollably eviscerating. We are already experiencing irreversible loss and damage, and if, in the next decade the world fails to take aggressive action to curb emissions, the future of our people and our nations hangs in the balance.

The science is irrefutable and compelling. After a century and a half of industrialization carried on outside of our control, the point of reckoning is now. " (Figueroa 2019)

– *Omar Figueroa, als Repräsentant der AOSIS-Staaten, Statement auf der COP 25*

"Our last day as a Party to the Paris Agreement will be November 4, 2020, but we will remain focused on a realistic and pragmatic model – backed by a record of real world results. Our model shows how innovation and open markets lead to greater prosperity, fewer emissions, and more secure sources of energy." (Bernicat 2019)

– *Marica Bernicat, als Repräsentantin der USA, Statement auf der COP 25*

Der Klimawandel ist eines der zentralen Probleme, mit denen wir in diesem Jahrhundert konfrontiert sind. Die Auswirkungen liegen nicht in der Zukunft: Vor allem in den ärmeren Ländern der Welt sind sie schon jetzt deutlich zu beobachten – also bei denjenigen, die am wenigsten zum Klimawandel beigetragen haben. Der ökonomische Aufstieg der reichsten Länder des Planeten geht damit wieder – wie dies seit der Kolonisierung der Fall ist – auf die Kosten der Dritten Welt. Während die Industrienationen wie insbesondere die USA auf ein „realistic and pragmatic model" (Bernicat 2019) pochen und dabei zynischerweise ein Modell für den Klimaschutz vorsehen, das bei realistischer Betrachtung zu einer globalen Umweltkatastrophe führen wird, um den ökonomischen Wohlstand der reichen Länder zu sichern (vgl. Brand, Wissen 2011: 87f. sowie Bauriedl 2016: 346), stehen die besonders vulnerablen Staaten längst vor Umweltkatastrophen. So schilderte es auch Omar Figueroa, als er bei der Klimakonferenz im Dezember 2019 im Namen der Allianz der kleinen Inselstaaten (AOSIS) sprach und an die Vertragsstaaten für gemeinsamen, gerechten Klimaschutz appellierte: „Where I come from, that threat is not distant, it is our reality" (Figueroa 2019). In gewisser Hinsicht können die jährlich stattfindenden Klimaverhandlungen also als ein Machtkampf zwischen reichen und armen Ländern verstanden werden: Zwischen denen, die für den Klimawandel verantwortlich sind, aber nicht zur Rechenschaft gezogen werden wollen, und denen, die keine Schuld an der Situation tragen, aber besonders unter ihr leiden. Und dennoch findet sich die Staatengesellschaft jährlich zu den Konferenzen ein – wissend, dass der Klimawandel letztlich alle einholen wird, wenn auch zunächst in unterschiedlicher Geschwindigkeit und Härte. Seit 1992 verhandeln die Repräsentant*innen der Staaten nun um Regelungen zum weltweiten Klimaschutz (vgl. Edenhofer, Jakob 2019: 80). Immer wieder scheitern die Konferenzen, doch es gibt auch Erfolge. Seit 2020 gelten die Regeln des Pariser Klimaabkommens. Es wird sich zeigen, wann die Welt endlich ihren Scheitelpunkt beim Ausstoß von klimaschädlichen Emissionen erreichen wird, der in diesem Übereinkommen möglichst schnell angestrebt wird: 2050 sollen nicht mehr Emissionen ausgestoßen werden, als sie an anderer Stelle eingespart werden (vgl. Art. 4, Abs. 1, PA). Doch geht es bei den Verhandlungen nicht nur um den Umgang mit dem Klimaschutz und Emissionseinsparungen. Eine zentrale Frage ist auch die der Gerechtigkeit: Wer muss für die klimawandelbedingten Schäden und Verluste aufkommen? Sollten (arme) betroffene Länder einen völkerrechtlich bindenden Kompensationsanspruch bei den

Verursacherländern haben oder selbst für die Kosten aufkommen? Um diese Fragen wird immer wieder gerungen, abschließend sind sie zwar nicht geklärt, doch zunächst sind Schäden und Verluste im Paris-Abkommen verankert. Während die Länder der Dritten Welt noch immer auf Kompensationen pochen, haben die Staaten der G7 und G20 eine andere Idee: Sie initiierten eine Klimarisikoversicherung, in denen sich die Betroffenen selbst gegen Klimaschäden und -verluste versichern können (vgl. Schumacher 2016: 17ff.). Zwar sind Versicherungen nicht per se abzulehnen, doch muss auch dieses Konzept problematisiert werden: Inwieweit schafft es neue Ungleichheits- und Abhängigkeitsverhältnisse und wer profitiert daraus? Besonders interessant scheint mir deswegen auch ein Blick auf die internationale Klimapolitik aus postkolonialer Perspektive zu sein: Denn die Weltordnung ist noch heute von Herrschaftsverhältnissen geprägt, die bis auf den Kolonialismus zurückzuverfolgen sind (vgl. Mignolo 2005: 7 sowie Kerner 2012: 136). Diese äußern sich zum einen als materielle Ausbeutungs- und Abhängigkeitsverhältnisse, zum anderen sind diese Herrschaftsbeziehungen aber auch auf der Ebene des Wissens verankert. Das Zusammenspiel von Macht und Wissen kann in solchen neokolonialen Verhältnissen besonders deutlich nachvollzogen werden (vgl. Brunner 2016a, 2016b).

In dieser Arbeit gehe ich der Frage nach, *ob und gegebenenfalls wie neokoloniale Strukturen in der internationalen Klimapolitik reproduziert werden.* Dazu untersuche ich das Thema der klimawandelbedingten Schäden und Verluste im Rahmen des Paris-Abkommens und der darauf zurückgehenden Verhandlungen. Neben der Untersuchung der Regelungen und deren Konsequenzen werfe ich einen besonderen Blick darauf, auf welche Weise Eurozentrismus und westlicher Universalismus im untersuchten Diskurs deutlich werden. Es sollen schließlich die zugrundeliegenden Macht-Wissens-Verhältnisse identifiziert werden.

Zu Beginn soll nun dieses Forschungsanliegen ausführlich erläutert werden. Danach wird ein Überblick über die postkolonialen Theorien und zentrale Konzepte, auf die ich mich beziehe, gegeben. Hier wird zunächst die Theorietradition skizziert. Es wird dann auf die Kolonialgeschichte eingegangen, da dieser Hintergrund im Zusammenhang der folgenden Teilkapitel relevant ist. Nachdem ich auf den Neokolonialismus in seinem Verständnis nach Nkrumah (1965), das Konzept der Kolonialität nach Quijano (2000) sowie Imperialismus und Globalisierung eingehe, werden neokoloniale Strukturen auf der Ebene des Wissens mithilfe des Konzepts der epistemischen Gewalt nach Brunner (2016a,

2016b) beleuchtet. In diesem Kontext wird auf die Konstrukte des ‚Westens' und der ‚Moderne' eingegangen. Dazu werden der Entwicklungsdiskurs und der Global-Governance-Diskurs beleuchtet. Anschließend werden die theoretischen Grundlagen, auf die sich postkoloniale Theorien häufig beziehen – Poststrukturalismus und Marxismus – kurz dargestellt. Das Kapitel schließt mit einem Konzept, das nicht aus der postkolonialen Theorietradition stammt, aber für mich ein Bindeglied zwischen dieser und meinem Untersuchungsgegenstand darstellt: Das des ökologischen Imperialismus und damit auch der ökologischen Schuld nach Foster und Clark (2009). Dies führt außerdem zu einer Diskussion von Schuld und Verantwortung im Diskurs. Anschließend gehe ich genauer auf das Feld der internationalen Klimapolitik und dabei speziell auf das Kontextwissen zum Themenfeld der Schäden und Verluste ein. Danach beleuchte ich den relevanten Forschungsstand, auf den meine Analyse aufbaut. Bevor das forschungspraktische Vorgehen erläutert wird, werden noch eine epistemologische Positionierung sowie mein ethischer Standpunkt zu dem gewählten Untersuchungsgegenstand dargestellt. Dies soll der Einordnung meiner Studie sowie der Schlussfolgerungen, die ich daraus ziehe, dienen und Transparenz über den Forschungsprozess herstellen. Methodologisch greife ich auf das Forschungsprogramm der Wissenssoziologischen Diskursanalyse zurück, die Auswertung erfolgt mithilfe der Methode der Grounded Theory. Nachdem ich das konkrete Vorgehen meiner Analyse schildere, werden meine zentralen Befunde präsentiert. Zentrale Forschungsergebnisse sind die Unverbindlichkeit der Beschlüsse, die keinerlei Kompensationsforderungen zulassen und insgesamt recht ungenau formuliert sind sowie die grundsätzlich ablehnende und blockierende Haltung der Industriestaaten im Gegensatz zu den Dritte-Welt-Staaten, die auf verbindliche Regelungen zielen. Es kann ein Machtverhältnis im untersuchten Diskurs beobachtet werden, das sich vor allem darin zeigt, dass die Industriestaaten eine größere Verhandlungsmacht haben und die Regelungen bisher die Haltung dieser widerspiegeln. Teilweise wird dieses Machtverhältnis sogar sehr deutlich angesprochen. Besondere Kritik ernten dabei die USA. Dieses Machtverhältnis spiegelt sich auch auf der Ebene des Wissens wider. Die von mir als neokoloniale Muster bezeichneten Wissensformationen äußern sich in meiner Untersuchung über die verwendete Sprache. Konstrukte wie das der ‚Entwicklung' sind stark im Diskurs verankert, aber ich erkenne auch Formen der epistemischen Gewalt, die so noch nicht in postkolonialen Untersuchungen betrachtet wurden, da sie speziell auf den

Klimawandel und die Bewältigung dessen bezogen sind. Letztlich resultiert die aktuelle Konzeption darin, dass ökonomische Ausbeutungsverhältnisse weiter bestehen bleiben und die ökologische Schuld nicht ausgeglichen – und möglicherweise sogar vergrößert – wird. Zusammengefasst und zugespitzt wird dies noch einmal in meinem Fazit dargestellt. Dabei wird auch die Frage der Gerechtigkeit, auf die ich in meiner ethischen Positionierung eingehe, neu aufgerollt. Zunächst aber wird die forschungsleitende Frage ausführlich mit Ausdifferenzierung der Unterfragen erläutert.

2. Erläuterung der Forschungsfrage

Die Studie untersteht folgender Frage: *Werden bzw. wie werden neokoloniale Strukturen in der internationalen Klimapolitik reproduziert?*

Diese wird zunächst genauer erläutert. Sie ist dabei in eine Heuristik mit insgesamt sechs thematischen Frageblöcken unterteilt. Der zentrale Gegenstand, welcher untersucht werden soll, ist der Diskurs der internationalen Klimapolitik im Hinblick auf den Gegenstand der klimawandelbedingten Schäden und Verluste (Art. 8, PA). Dazu soll im ersten Schritt Allgemeines identifiziert werden: Wie relevant sind die Themen als Ziele? Wie verbindlich sind die Ziele/Einigungen? Warum sind sie (un-)verbindlich? Welche Ziele sollen mit der Umsetzung erreicht werden? Welche unterschiedlichen Positionen finden sich im Diskurs? Gibt es Überschneidungen und/oder Unterschiede zwischen ausgewählten Staatengruppen?

Der nächste Themenblock fragt nach dem Nutzen und den Konsequenzen aus den Beschlüssen: Auf welche Konsequenzen läuft die gegenwärtige Konzeption hinaus? Wer zieht welchen Nutzen aus der Regelung? Gibt es einen Nutzen für wirtschaftliche Interessen bestimmter bzw. mehrerer Vertragsparteien? Wie wird der Nutzen dargestellt? Wer trägt die Kosten? Gibt es bereits Initiativen zur Umsetzung? Wie sehen diese aus?

Ich gehe außerdem genauer auf die Konstrukte der Schuld und der Verantwortung ein. Hierzu soll konkret untersucht werden, ob und gegebenenfalls wie das Thema der Schuld angesprochen wird; werden Kolonialismus, Neokolonialismus und Imperialismus im Kontext erwähnt? Warum (nicht)? Wird die ökologische Schuld (Foster, Clark 2009: 193) an Naturzerstörung und Klimawandel erwähnt? Wer wird als schuldig konstruiert? Wer steht bei wem in der Schuld? Ferner wird untersucht, ob und gegebenenfalls wie von Verantwortung gesprochen wird und wer diese trägt. Außerdem frage ich, wieso gerade (nicht) das Thema Schuld bzw. Verantwortung Erwähnung findet.

Anschließend wird der Diskurs auf Muster untersucht, die ich in den Folgekapiteln als neokolonial beschreiben werde. Ich frage hierzu danach, ob bzw. wie die westliche Moderne als universale Entwicklung konstruiert wird: In Anlehnung an Conrad und Randeria (2013) untersuche ich, inwiefern die einzig denkbare Zukunft der Welt in der fortschreitenden Verwestlichung konstruiert wird (vgl. Conrad, Randeria 2013: 35) und wie universalistisches Denken deutlich wird (vgl. ebd.: 56). Letzteres bedeutet, dass die westliche Entwicklung, Zivilisation und Demokratie als Maxime gelten. Ich frage, inwiefern westliche Gesellschaften als ‚fortschrittlicher', ‚moderner' und ‚entwickelter' bezeichnet werden und welche Rolle das Konstrukt der ‚Entwicklung' spielt. Auch soll betrachtet werden, ob im untersuchten Diskurs binäre Zuschreibungen vorzufinden sind und wenn ja, welche. In Anlehnung an die These von Danielzik und Bendix, dass in Entwicklungsdiskursen Subjekte in verschiedenen Positionen platziert werden, „die mitentscheiden, ob sie eher als politisch mündige Entscheidungsträger*innen oder als passive Empfänger*innen von ‚Hilfe' angesprochen werden" (Danielzik, Bendix 2016: 279), soll untersucht werden, ob bzw. wie dies auch in der internationalen Klimapolitik der Fall ist.

Bei all dem will ich immer auch auf das Nicht-Gesagte eingehen, denn „[n]eben der Geschichte des Wissens steht [...] immer auch eine Geschichte der Auslassungen und des (Ver-)Schweigens" (Conrad, Randeria 2013: 54). Ich stelle folgende Fragen an das Material: Was wird thematisch nicht gesagt? Welches Wissen wird nicht mehr hinterfragt, sondern als unumstritten vorausgesetzt? Wieso werden bestimmte Themen ausgeklammert und nicht explizit formuliert?

Zuletzt will ich Rückschlüsse über mögliche Macht-Wissens-Verhältnisse treffen: Welche Mächte bzw. Machtmechanismen wirken hier? Welche Machtverhältnisse bestehen bei der Bearbeitung der Themenstellungen? Womit wird eine möglicherweise ungleiche Machtverteilung gerechtfertigt? Welches Wissen stützt diese Machtverhältnisse bzw. mit welchem Wissen gehen sie einher?

Mit dieser Untersuchung beleuchte ich den Diskurs der internationalen Klimapolitik – speziell unter Bezugnahme auf klimawandelbedingte Schäden und Verluste – aus der kritischen Perspektive der postkolonialen Theorietradition. Dies ist vor allem daher relevant, da Ausbeutungsverhältnisse und Ungleichheiten auch nach der formalen Dekolonisation immer noch bestehen bzw. fortwirken: Die Dekolonisation ist noch nicht abgeschlossen (vgl. Kap. 3). Es geht dabei darum, „auf gesellschaftliche Missstände einschließlich ihrer Ursachen und Wirkungen aufmerksam zu machen und dadurch dazu beizutragen, diese Missstände zu beheben" (Kerner 2012: 12). Natürlich werden globale Herrschaftsverhältnisse nicht allein durch Forschungen aufgelöst, doch kann diese Studie einen Beitrag dazu leisten, solche Machtstrukturen offen zu legen und damit kritikfähig zu machen. Es geht letztlich auch um eine Dekolonisation der (Sozial-)Wissenschaften: Mit postkolonialen Impulsen gilt es, „etablierte Denkmuster herauszufordern und wenn möglich transformieren zu können" (Kerner 2012: 152). Durch die

Analyse von Formen epistemischer Gewalt (vgl. Kap. 3.3) können tief verankerte Wissensbestände, die in diesem Diskurs vorhanden sind, aufgedeckt werden. Dies kann einerseits zur Selbstreflexion anregen, aber auch zeigen, wie globale Ausbeutungsverhältnisse immer weiter reproduziert werden. Wir werden noch sehen, dass beispielsweise das Konzept der ‚Entwicklung' keine wissenschaftlich-objektive Bezeichnung darstellt, sondern als Legitimation weltweiter Herrschaftsbeziehungen dienen kann (vgl. Kap. 3.3.2). Nachdem in der postkolonialen Theorie immer wieder dieser Entwicklungsdiskurs und die Entwicklungspolitik im Fokus stehen, muss auch die internationale Klimapolitik zunehmend aus postkolonialer Perspektive beleuchtet werden, denn „Themen aus dem Bereich politischer Ökologie bzw. globaler Umweltgovernance sind bisher noch kaum aus postkolonialer Perspektive untersucht worden" (Müller 2016: 250).

Obwohl dies kein klassisches wirtschaftspolitisches Feld ist und die internationale Klimapolitik auf den ersten Blick den Ländern der Dritten Welt[1] von Nutzen ist, da diese aufgrund geringerer Klimaanpassung

1 Im Rahmen dieser Arbeit verwende ich den nicht unumstrittenen Begriff ‚Dritte Welt'. Der Begriff geht zurück auf Alfred Sauvy (1986), der die *Dritte Welt* damit einerseits von der kapitalistischen *Ersten Welt* und der sozialistischen *Zweiten Welt* in der Zeit des Kalten Krieges abgrenzen wollte. Zum anderen aber – und dies ist die Bedeutung, auf die ich mich beziehe – zog Sauvy einen Vergleich zum Dritten Stand und verlieh dem Begriff damit den revolutionären Charakter einer die ‚Erste Welt' und die Weltordnung anklagenden Dritten Welt (vgl. Sauvy 1986 sowie Dinkel 2014). Auf der Bandung-Konferenz 1955 wählten die anwesenden Staaten den Begriff als Selbstbezeichnung. „Auf dieser weltweit beachteten Konferenz forderten sie zusätzlich zur sofortigen Unabhängigkeit aller Kolonien, ihre internationale Anerkennung als souveräne Regierungen, ihre Aufnahme in die Vereinten Nationen sowie ihr gleichberechtigtes Mitspracherecht in internationalen Fragen" (Dinkel 2014). Die Bandung-Konferenz stellt einen Moment des Wandels dar, da sie durch die erwirkte internationale Hör- und Sichtbarkeit antikolonialer Bewegungen eine neue Dynamik für die Dekolonisierung schuf (vgl. ebd.). Abgelöst wurde der Begriff vor allem durch die als wissenschaftlich-objektiv geltende Bezeichnung als ‚Entwicklungsländer', deren Problematik in Kapitel 3.3.2 aufgezeigt wird. Damit wandelte sich auch das Bild der Dritten Welt und sie verlor an revolutionärem Potential. In postkolonialen und marxistischen Ansätzen wird der Begriff der Dritten Welt dennoch immer wieder benutzt, denn er betont, „dass globale Ungerechtigkeit[en] die früheren Kolonien nach wie vor auf die gleiche Weise betreffen, wie dies vor dem Ende des Kalten Krieges der Fall war" (Krueger 2018: 8). Eine alternative Bezeichnung, die sich in den postkolonialen Theorien etabliert hat, ist die Unterscheidung des ‚globalen Nordens' vom ‚globalen Süden'. Doch empfinde ich diese Bezeichnung als stark verkürzt, da sie

den Folgewirkungen des Klimawandels in besonderem Maße ausgesetzt sind, ist es wichtig, auch die Klimapolitik aus postkolonialer Perspektive zu betrachten, denn letztlich geht es hier um wirtschaftspolitische Fragen und nicht in erster Linie um Solidarität.

Im nächsten Teil sollen nun die notwendigen theoretischen Grundlagen aus dem Postkolonialismus vorgestellt werden.

entpolitisiert ist und eine komplexe Weltordnung auf eine quasi-geographische Unterscheidung reduziert. Unter Bezugnahme auf die eben nicht entpolitisiert fassbaren weltweiten Herrschaftsverhältnisse sowie mangels zufriedenstellender Alternativen verwende ich den Begriff der ‚Dritten Welt'.

3. Postkoloniale Ansätze

> „Old-fashioned colonialism is by no means entirely abolished. [...] Once a territory has become nominally independent it is no longer possible, as it was in the last century, to reverse the process. Existing colonies may linger on, but no new colonies will be created. In place of colonialism as the main instrument of imperialism we have today neo-colonialism“ (Nkrumah 1965: ix).

Diese Studie stützt sich auf einige Aspekte der postkolonialen Theorien. Dazu werden diese in einem ersten Schritt abgegrenzt. Bevor ich auf den Neokolonialismus eingehe, beleuchte ich den notwendigen Hintergrund zum Kolonialismus. Es werden dann das Konzept der epistemischen Gewalt sowie die Konstrukte der ‚Moderne‘ bzw. des ‚Westens‘ und der ‚Entwicklung‘ erörtert. Anschließend werden der Poststrukturalismus und der Marxismus als zentrale Einflussströme auf die postkolonialen Theorien skizziert. Zuletzt werden noch die Konzepte des ökologischen Imperialismus sowie der damit einhergehenden ökologischen Schuld vorgestellt. Einführend soll nun ein allgemeiner Überblick über die postkoloniale Theorietradition präsentiert werden.

Eine eindeutige Definition für den Begriff ‚postkolonial‘ gibt es nicht, weil er durch eine gewisse Unschärfe gekennzeichnet ist und daher unterschiedliche Interpretationen zulässt. Ursprünglich auf die Lage ehemaliger Kolonien nach der Unabhängigkeit bezogen, wurde er in den 1980er Jahren ausgeweitet auf die Lage aller kolonisierten Gegenden und Gemeinschaften ab Beginn der Kolonisierung bis in die Gegenwart (vgl. Castro Varela, Dhawan 2015: 15). Der Prozess der Dekolonisierung wird damit als noch immer andauernd begriffen. Diesem Verständnis geht die Ansicht voraus, dass der Kolonialismus immer neue Wege und Strategien findet, „um sich die Ressourcen der vormals kolonisierten Länder zu sichern“ (ebd.: 16), wie beispielsweise durch Rekolonisierungstendenzen oder Neokolonialismus (vgl. Nkrumah 1965 sowie Kap. 3.2). Der Postkolonialismus ist eine Form des Widerstands sowohl gegen die koloniale Herrschaft als auch deren Konsequenzen (vgl. Castro Varela, Dhawan 2015: 16). Denn der Kolonialismus hat nachhaltige Spuren auf kultureller, politischer, ökonomischer und sozialer Ebene hinterlassen. Diese Spuren sind zudem in den Wissensbeständen verankert und werden dadurch immer wieder reproduziert und reaktualisiert (vgl. Kerner 2012: 11, 80). Durch die Entstehung der postkolonialen Theorie(n) kam dem Begriff ‚postkolonial‘ außerdem die

Bedeutung als „besondere Form des theoretischen Ansatzes und der Analyse“ (Conrad, Randeria 2013: 45) zu. Konkurrierend wie auch supplementierend zum Begriff ‚postkolonial‘ zielen die Begriffe ‚antikolonial‘ und ‚dekolonial‘ auf ähnliche Problemfelder. Gemeinsam haben alle diese Begriffe den Angriff des Eurozentrismus in Wissenschaften und Alltagsvorstellungen, die Thematisierung der nicht vollendeten Dekolonisierung und das Anmahnen eines Blickwechsels auf Geschichte und Politik (vgl. ebd.: 17). In meinem Rückgriff auf die postkolonialen Theorien beziehe ich mich aufgrund der großen Überschneidungen und gegenseitigen Beeinflussung – wohl wissend, dass ein Unterschied existiert – auch auf Impulse antikolonialer und dekolonialer Ansätze.

Die zentralen Quellen der postkolonialen Theorien sind der Kolonialismus und seine Nachwirkungen auf Alltag, Politik und Gesellschaft (vgl. Kerner 2012: 32). Wichtigen Einfluss haben auch die Erfahrungen aus antikolonialen Kämpfen[2] und die Migration der Kolonisierten in die europäischen Metropolen (vgl. ebd.). Insbesondere für die Forschungshaltung sind Poststrukturalismus und Marxismus zentrale Referenzpunkte (vgl. Kap. 3.4). Methodisch bedient sich die postkoloniale Kritik stark an Foucault, Derrida und Lacan. Als besonders prägend für die post-colonial studies gilt Edward Said, der mit dem Konzept des Orientalismus (Said 2017 [1978]) eine „grundsätzliche Kritik an der westlichen Repräsentation und Aneignung des ‚Anderen‘“ (Conrad, Randeria 2013: 44) übte. Im Anschluss an Foucault stellt er die kulturelle Dimension des Kolonialismus in den Vordergrund (vgl. ebd.: 45).[3] Auch Homi

2 Wesentlichen Einfluss aus dem antikolonialen Widerstand auf postkoloniale Theorien hatten beispielsweise Jawaharlal Nehru (Indien), Mao Zedong (China), Hồ Chí Minh (Vietnam), Aimé Césaire, Frantz Fanon, Kwame Nkrumah und Léopold Sédar Senghor in verschiedenen afrikanischen Ländern, Dschamal ad-Din al-Afghani für antiwestliche panislamische Bewegungen und Ernesto Che Guevara für die antiimperialistischen Bewegungen Lateinamerikas (vgl. Kerner 2012: 32).

3 Orientalismus bezeichnet für Said „eine Umgangsweise mit dem Orient, die auf dessen besonderer Stellung in der europäisch-westlichen Erfahrung beruht“ (Said 2017: 9). Der Orientalismus *konstruiert* den ‚Orient‘ als das ‚Andere‘, als das Gegenbild von Europa bzw. dem Westen (vgl. ebd.: 10). Durch die Schaffung und die Abgrenzung dieses ‚Anderen‘ definiert sich das europäisch-westliche Selbstbild. Dabei geht der Orientalismus über dieses Imaginäre hinaus. Im akademischen Feld beispielsweise hat sich eine ganze wissenschaftliche Disziplin, die Orientalistik, herausgebildet, die aus westlicher Perspektive den ‚Orient‘ erforscht. Die Erforschung und Imagination des ‚Orients‘ ist eng verknüpft mit Imperialismus und Kolonialismus. Er bietet durch das Wissen über den ‚Orient‘ einen

K. Bhaba hat mit der Konzeption der Hybridität, dem die These zugrunde liegt, dass „der Prozess der Kolonialisierung sowohl das kolonisierende Selbst als auch das kolonisierte Andere transformiert und binäre Zuschreibungen, welche die aktive Rolle in diesem Prozess nur der einen Seite zuweisen, verfehlt sind" (Ziai 2016: 38), die postkolonialen Theorien maßgeblich beeinflusst. Die Begriffe Subalternität und Repräsentation wurden insbesondere geprägt von Gayatri Spivak in ihrem 1985 veröffentlichten Aufsatz „Can the Subaltern Speak?" sowie ihrer darin erläuterten These „Die Subalterne kann nicht sprechen" (Spivak 2016: 106).[4]

Postkoloniale Theorien beschäftigen sich zum einen mit den Wirkungen der Kolonisierung, untersuchen aber auch die aktuellen Formen neokolonialer Machtausübung sowie ‚kulturelle Formationen', die im Zuge von Kolonisierung und Migration entstanden sind (vgl. Castro Varela, Dhawan 2015: 17). Dabei umfassen sie einen weiten Gegenstandsbereich und sind nicht auf eine oder wenige Disziplinen beschränkt. Der allgemeine Forschungsanspruch liegt in der „Frage nach den Manifestationen von Kontinuitäten und Diskontinuitäten zwischen kolonialer und nachkolonialer Periode" (Ziai 2016: 36). Mit einbezogen wird hierzu auch die kulturelle Dimension: Gefragt wird, wie die

Zugang, der beispielsweise von Napoleon in seinem Feldzug in Ägypten genutzt wurde (vgl. ebd.: 99f.) und legitimiert Herrschaftsabsichten des Westens beispielsweise durch die Darstellung des ‚Orients' als „hilfs-, rettungs-, ja sogar erlösungsbedürftig" (ebd.: 236).

4 Der Titel des Aufsatzes „Can the Subaltern Speak?" verweist dabei auf den Begriff der ‚Subalternen', der Gramsci entlehnt ist. Während Gramsci den Begriff in seinen *Gefängnisheften* als Synonym für die Arbeiter*innenklasse bzw. das Proletariat nutzte (vgl. Barfuss, Jehle 2014: 101), wird der Begriff in den Subaltern Studies sowie von Spivak mehr auf die Marginalisierten im globalen Süden bzw. der ‚Dritten Welt' bezogen. „Can the Subaltern Speak?" kann sowohl „Können die Subalternen sprechen" als auch „Kann die Subalterne (Frau) sprechen?" bedeuten (vgl. Spivak 2016: 78), wobei besonders Frauen aufgrund ihrer besonders marginalisierten Stellung subalterne Gruppen bilden. Spivak behandelt diese Frage in ihrem Aufsatz und verneint schließlich die im Titel gestellte Frage. Subalterne haben keine Erlaubnis zu sprechen und wenn sie sprechen, so wird das Gesagte im Sinne der Weitererzählenden umgedeutet (vgl. ebd.: 48 sowie Castro Varela, Dhawan 2015: 88). Das Subjekt der Subalternen schweigt dabei bzw. wird zum Schweigen gebracht und ‚verschwindet' zwischen den Erzählungen über sie: „Zwischen Patriarchat und Imperialismus, Subjektkonstituierung und Objektformierung, verschwindet die Figur der Frau, und zwar nicht in ein unberührtes Nichts hinein, sondern in eine gewaltförmige Pendelbewegung, die in der verschobenen Gestaltwerdung der zwischen Tradition und Modernisierung gefangenen ‚Frau der Dritten Welt' besteht" (Spivak 2016: 101).

soziale Wirklichkeit charakterisiert wird und wie sie sich manifestiert: Es handelt sich damit vielfach um ein „wissenspolitisches Projekt" (Kerner 2012: 12). Mein besonderes Forschungsinteresse liegt in der Analyse neokolonialer Machtverhältnisse, aber auch, wie der Kolonialismus im Diskurs der internationalen Klimapolitik auf der Ebene des Wissens noch immer wirkt und damit auch neokoloniale Machtverhältnisse stützt. Um dies zu verwirklichen, muss zunächst der nötige Hintergrund zum Kolonialismus geklärt werden.

3.1 Kolonialismus

Als Schlüsseldatum des Beginns der europäischen Expansion nach ‚Übersee' und damit des Kolonialismus wird in der Regel das Jahr 1492 gesetzt (vgl. Kerner 2012: 21). Zwischen Kolonialismus und Imperialismus besteht eine direkte Verbindung, wobei unklar ist, wo genau die Grenze gezogen werden kann. Zumeist aber wird der Kolonialismus als Spezialfall bzw. Konsequenz des Imperialismus begriffen (vgl. Castro Varela, Dhawan 2015: 31f. sowie Nkrumah 1965: ixff.). In der marxistisch-leninistischen Interpretation werden Kolonialismus und Imperialismus in einem direkten Zusammenhang mit der Entwicklung des westlichen Kapitalismus gesehen: Lenin (1987 [1917]) beschreibt den „Imperialismus als höchstes Stadium des Kapitalismus". Klar ist, dass die Enteignung und Ausbeutung der Kolonisierten eine zentrale Quelle war für die Bereicherung und damit auch für die wirtschaftliche Blüte und Modernisierung Europas, das sich in der Frühphase des Kolonialismus im Umbruch zwischen Feudalismus und Kapitalismus befand (vgl. Kerner 2012: 24 sowie Federici 2018: 132ff.).

Es gab verschiedene Ausprägungen des Kolonialismus, trotzdem gibt es übergreifende Merkmale der kolonialen Herrschaft, die deshalb so interessant sind, da viele davon „mit dem formalen Ende des Kolonialismus nicht verschwanden und daher in postkolonialen Konstellationen nachwirken" (Kerner 2012: 23). Der Begriff der Kolonisierung verweist dabei nicht nur „auf die Quadratkilometer okkupiertes Land", sondern vielmehr auf ein Kräftefeld, „welches von Macht und Wissen regiert wird" (Castro Varela, Dhawan 2015: 22). Es handelt sich um „Herrschaftsbeziehungen, die mit physischer, militärischer, epistemologischer und ideologischer Gewalt durchgesetzt und über ‚Rasse-' und Kulturdiskurse legitimiert wurden" (ebd.: 27). Zu den zentralen Merkmalen und Effekten gehört die Ausübung von Gewalt seitens der Kolonisatoren, die zum einen zur Disziplinierung eingesetzt wurde, aber auch indirekt durch importierte Krankheiten wirkte (vgl. Kerner 2012:

23). Auch Enteignung und Ausbeutung durch Landraub und Zwangsarbeit bzw. Sklaverei zur Bereicherung der Kolonialmächte prägten den Alltag: „Für die wirtschaftliche Modernisierung Europas war der Kolonialismus von erheblicher Bedeutung“ (ebd.: 24). Begleitet wurde die Kolonisierung außerdem durch Kulturwandel und eine massive politische Transformation. Die Gründe dafür waren die christliche Mission und die Fremdherrschaft, welche neue politische Strukturen etablierte. Kolonien dienten teilweise als Versuchsgebiete:[5] „Die Bürokratien kolonialer Staaten fungierten nämlich auch als Laboratorien für spätere Entwicklungen in Europa“ (ebd.: 25). Die kolonialen Staatsgebilde hinterließen tiefe Spuren, die heute noch nachwirken: „Aktuelle politische Probleme wie Demokratiedefizite und schwach ausgebildete Rechtsstaatlichkeit erscheinen aus dieser Sicht deutlich als koloniale Hinterlassenschaft“ (ebd.: 26). Darüber hinaus muss noch auf die epistemische Dimension des Kolonialismus eingegangen werden: Dazu gehört die Rassentheorie mit ihren Abstufungen verschiedener Grade des Menschseins, die mit verschiedenen Fähigkeiten einhergingen und damit die koloniale Arbeitsteilung rechtfertigten (vgl. ebd.: 28). Außerdem wurde die Kolonisierung durch die Unterstellung der Geschichtslosigkeit und mangelnder ‚Zivilisiertheit‘ legitimiert:

> „Der Prozess der materiellen Kolonisierung wurde durch einen Legitimierungsdiskurs begleitet, der den Kolonialismus als Zivilisierungsmission präsentierte, die den kolonisierten Ländern schließlich ‚Reife‘ und ‚Freiheit‘ bringen würde“ (Castro Varela, Dhawan 2015: 34).

Auch die heutige Bezeichnung postkolonialer Länder als ‚unterentwickelt‘ bzw. ‚noch nicht entwickelt‘ kann, wie noch gezeigt werden wird, in einer Linie mit der Bezeichnung als ‚unzivilisiert bzw. ‚noch nicht zivilisiert‘ betrachtet werden.[6] Ein besonders anschauliches Beispiel,

---

5 Ein Beispiel aus der deutschen Kolonialherrschaft sind die Konzentrationslager in Deutsch-Südwestafrika, die seit 1904 im Krieg gegen die Herero und Nama zur Internierung der Gegner dienten und mit denen eine „genozidale Kontinuitätslinie begann, die in den KZs der Nazis endete“ (Kerner 2012: 25).

6 *Aram Ziai* (2006) sieht die Konstruktion solcher Differenzen als ein wesentliches Merkmal des Kolonialismus: „Die dem Eigenen und dem Anderen jeweils zugeschriebenen Eigenschaften ergaben sich aus einem Ensemble von Differenzen: rational/emotional, vernunft-/instinktgeleitet, fähig/unfähig zur Herrschaft, souverän/abhängig, kolonisierend/kolonisiert, höher-/minderwertig usw. Die einzelnen Zuschreibungen waren hierbei durch Äquivalenzketten verknüpft: Wer rational handelte, war zivilisiert, deshalb höherwertig, somit fähig bzw. ausersehen,

wie die entmündigende Wertung der Kolonisierten als ‚unzivilisiert' wirkte, liefert hierzu Silvia Federici (2018), die die veränderten Ausbeutungsverhältnisse im Übergang vom Feudalismus zum Kapitalismus untersucht und sich dabei neben der Ausbeutung der weiblichen Reproduktionsarbeit auch auf die zeitgleich stattfindende Kolonisierung und Christianisierung bezieht:

> „Die Definition der indigenen Bevölkerungen Amerikas als Kannibalen, Teufelsverehrerinnen und Sodomiten stützte die Fiktion, dass der Conquista keine unverfrorene Gier nach Gold und Silber zugrunde liege, sondern dass es bei ihr um die Bekehrung zum Christentum gehe (...). Außerdem konnte auf diese Weise, in den Augen der Welt und möglicherweise auch der Kolonialisten selbst, jeder Verurteilung gegen die ‚Indianer' begangenen Gräueltaten vorgegriffen werden: Es handelte sich um eine Lizenz zum Töten, die unabhängig davon galt, was die geplanten Opfer taten oder ließen" (Federici 2018: 271f.).

Solche Formen von kolonialem Wissen wirken in Teilen bis heute nach: Koloniale Diskurse und Praktiken haben deshalb auch in Ländern tiefe Spuren hinterlassen, die nie direkt kolonisiert wurden (vgl. Castro Varela, Dhawan 2015: 21).

Herrschaft über Kolonien auszuüben. Dementsprechend werden „die Eingeborenen", die im Kolonialdiskurs das „Andere" des weißen Mannes darstellen, anhand dieses Maßstabs im besten Fall als naturverbundene Kinder, im schlechtesten als tierhafte Wilde dargestellt. Irrational, unzivilisiert und regierungsunfähig sind sie in jedem Fall" (Ziai 2006: 89f.). Zahlreiche dieser Differenzen wirken noch heute auf der Ebene des Wissens nach: Ziai erkennt beispielsweise die heutigen neokolonialen Unterscheidungen „industrieller und wissenschaftlicher Fortschritt/Rückständigkeit und elende Bedingungen, Wirtschaftswachstum/Stagnation, Technologie/Handarbeit, Modernität/Tradition, hohe Produktivität/niedrige Produktivität, materieller Wohlstand/Armut, besseres Leben/schlechteres Leben, Freihandel und Demokratie/alter Imperialismus, Entwicklungshilfe leistende Nationen/Entwicklungshilfe empfangende Nationen usw." (ebd.: 90).

3.2 Neokolonialismus

Wurden bisher die postkoloniale Theorietradition und der Kolonialismus beleuchtet, geht es im Folgenden um die konkreten Spuren, die der Kolonialismus hinterlassen hat und die bis heute fortwirken. Dabei sollen sowohl die materielle wie auch epistemische Dimension mit einbezogen werden. Zunächst wird hierzu allgemein der Begriff *Neokolonialismus* erläutert. Anschließend wird auf heutige Formen des Imperialismus und auf den immer globaler durchgesetzten Kapitalismus eingegangen.

Der ghanaische Politiker Kwame Nkrumah zeigt in seinem Buch „Neo-Colonialism, The Last Stage of Imperialism" (Nkrumah 1965), dass nach der Unabhängigkeit der ehemaligen Kolonien durch den Neokolonialismus eine neue Form der indirekten Abhängigkeit folgte. Im Neokolonialismus ist der Staat nach seiner Definition in der Theorie unabhängig und außenpolitisch souverän, tatsächlich aber ist das Wirtschaftssystem gelenkt und deshalb ist auch die Politik von außen beeinflusst (vgl. Nkrumah 1965: ix). Die Methoden und Formen dieser Lenkung können unterschiedlich sein, meist passiert dies aber durch wirtschaftliche Abhängigkeiten und Geldmittel. Ausländisches Kapital führt mehr zu weiterer Ausbeutung als zur ‚Entwicklung' der weniger ärmeren Teile der Welt: „Investment under neo-colonialism increases rather than decreases the gap between the rich and the poor countries of the world" (ebd.: x). Ziel des Kampfes gegen den Neokolonialismus ist es jedoch nicht, das Kapital der entwickelten Länder auszuschließen, sondern die finanzielle Macht der imperialistischen Staaten zu unterbinden: „The question is one of power. A State in the grip of neo-colonialism is not master of its own destiny. It is this factor which makes neo-colonialism such a serious threat to world peace" (ebd.). Neokolonialismus folgt, wie bereits der Kolonialismus, aus dem Imperialismus. Doch was den Neokolonialismus besonders verheerend macht ist, dass die Macht der imperialistischen Länder ausgeübt wird, ohne dass diese verantwortlich für die abhängigen Staaten sind. Für die Ausbeutung gibt es keine Wiedergutmachung (vgl. ebd.: xi). Der Neokolonialismus stellt außerdem einen Versuch der kapitalistischen Länder dar, soziale Konflikte auszulagern (vgl. ebd.: xii). Durch die Verlagerung der Ausbeutung in ärmere Länder sind die negativen Auswirkungen des Kapitalismus nicht mehr im eigenen Land zu spüren. Die Folgen des Kapitalismus können so auf andere Determinanten zurückgeführt werden. Aus heutiger Perspektive kann hierzu auch eine Parallele zu

Umweltproblemen und Folgen des Klimawandels gezogen werden: Wie in Kapitel 3.5 noch gezeigt werden wird, beuteten die imperialistischen Länder seit der Kolonisierung neben der Bevölkerung auch die Ökosysteme aus. Dazu kommt der Klimawandel, der in besonderem Maße die Länder der Dritten Welt trifft, da diesen die nötigen Ressourcen zur Anpassung an den Klimawandel und zur Abwendung seiner Folgen fehlen. Diese Staaten haben damit die ökologischen Folgen des ökonomischen Wachstums der reichen Industrienationen zu tragen.

Ein ergänzendes Konzept zu dem des Neokolonialismus ist das der *Kolonialität*, das in den post- und insbesondere den dekolonialen Theorien eine rege Verwendung findet.[7] Der peruanische Soziologe Aníbal Quijano bezeichnet Kolonialität als das Andauern kolonialer Strukturen auch nach der formellen Dekolonisation:

> "In the same way, in spite of the fact that political colonialism has been eliminated, the relationship between the European – also called 'Western' – culture, and the others, continues to be one of colonial domination" (Quijano 2007: 169).

Das Fortdauern kolonialer Machtverhältnisse beschreibt Quijano (2000) mit Konzepten wie der ‚Kolonialität der Macht' oder der ‚kolonialen Machtmatrix'. Diese bezeichnen

> „die Machtbeziehung zwischen (kolonialen) Zentren und (kolonisierten) Peripherien, die mit dem formellen Prozess der Kolonisierung einsetzt, diesen jedoch durch das Fortbestehen kolonialer Hierarchien auf der sozioökonomischen, politischen und epistemischen Ebene überdauert" (Boatča 2015: 6).

Laut Ramón Grosfoguel folgen daraus globale Hierarchien auf verschiedenen Ebenen: „This matrix affects all dimensions of social existence" (Grosfoguel 2007: 217). Beispiele sind die globale Arbeitsteilung, eine ethnische und eine Gender-Hierarchie sowie eine ökologische Hierarchie, die das westliche Verständnis von ‚Natur', das heißt

7 Im Rahmen dieser Arbeit werden die Konzepte zu Neokolonialismus und Kolonialität miteinander gedacht. Ich verwende hauptsächlich den Begriff des Neokolonialismus, greife aber auf den der Kolonialität zurück, wenn dies erforderlich ist – beispielsweise im Hinblick auf eine Quelle, die mit dem Begriff der Kolonialität arbeitet. In meine Verwendung des Begriffes Neokolonialismus lasse ich die dargestellten Aspekte der Kolonialität aber miteinfließen.

als Objekt, welches Mittel zum Zweck ist, gegenüber nicht-westlichen Konzepten, welche beispielsweise die Umwelt bzw. den Kosmos als Subjekt und Zweck an sich sehen, bevorzugt (vgl. Grosfoguel 2011: 8ff.). Beispielsweise werden indigene Philosophien und Wissenssyteme abgewertet und auch in der internationalen Klimapolitik wenig beachtet, obwohl solches Wissen durch die Unmittelbarkeit, die Erfahrung des Klimawandels und alternative Fortschrittsvorstellungen möglicherweise bereichernd für die Lösung von Umweltfragen wäre.[8] Die Kolonialität bildet einen Rahmen sowohl für den Kolonialismus wie auch den Neokolonialismus und geht damit über Letzteren hinaus: Sie ist das Fortdauernde aus dem Kolonialismus und produziert als Machtstruktur seit über 500 Jahren koloniale Ausbeutungsverhältnisse (vgl. Quijano 2007: 170). Sie erlaubt es uns, die Kontinuität von kolonialen Herrschaftsverhältnissen nach dem Ende des Kolonialismus zu verstehen, die in unserem modernen kapitalistischen Weltsystem bestehen (vgl. Grosfoguel 2011: 13f.).

Aufgrund der engen Verwobenheit von Kolonialismus und Imperialismus steht in den post- und dekolonialen Theorien über den europäischen Kolonialismus und seine Folgen hinaus der heutige, ‚neue‘ Imperialismus in der Kritik:

> „Postkoloniale Theoretiker/innen vertreten nun allerdings selten die Ansicht, dass auch die Phase imperialer Einflussnahmen mit den ersten Unabhängigkeitserklärungen abgeschlossen war. Vielmehr bezeichnen sie auch jene globale Machtbeziehungen als imperial, in die lateinamerikanische Staaten während der letzten zweihundert Jahre verstrickt gewesen sind“ (Kerner 2012: 17).

Einbezogen werden dabei wirtschaftliche Abhängigkeiten wie auch politische Interventionen. Im Besonderen kann dabei auf die USA, ihren

[8] Ein Beispiel ist die Konzeption des „Guten Lebens“ (u.a. bekannt auf Aymara als „Suma quamaña“ oder auf Spanisch als „Buen vivir“) aus dem Andenraum, die entgegen dem westlichen, individualistisch geprägten Weltbild kosmozentrisch ausgerichtet ist (vgl. Estermann 2010). Die Philosophie ist im Andenraum weit verbreitet, zielt aber allgemein auf ein kosmozentrisches Gleichgewicht bzw. eine universale Harmonie (vgl. eb.: 272). Dabei steht neben dem Gemeinwohl der Einklang mit der Umwelt an zentraler Stelle (vg. ebd.). Suma quamaña ist jedoch nicht mit dem Kapitalismus vereinbar: Abgelehnt wird das ‚Gute Leben‘ auf Kosten anderer oder der Umwelt sowie eine Fixierung auf ökonomisches Wachstum (vgl. ebd.: 269ff.).

im Ausland handelnden Geheimdienst[9] und die Interessen US-amerikanischer Konzerne verwiesen werden (vgl. ebd. sowie Moraña et al. 2008: 9f.). Mignolo zufolge können zentrale Herrschaftslogiken vom spanischen Kolonialreich bis hin zum gegenwärtigen US-Imperialismus beobachtet werden (vgl. Mignolo 2005: 7).[10] Dabei hat der US-

9 Ein Beispiel hierfür ist das Vorgehen der CIA während des Vietnamkriegs. Douglas Valentine legt in seinem Buch „The CIA as Organized Crime. How Illegal Operations Corrupt America and the World" (2017) ausführlich dar, wie die CIA im Rahmen des verdeckten Phoenix-Programms (absichtlich) Kriegsverbrechen begingen und wieso bzw. inwiefern solche Vorgehensweisen mit dem Ende des Phoenix-Programmes nicht beendet sind. Dekoloniale Denker*innen wie Mabel Moraña, Enrique Dussel und Carlos A. Jáuregui kritisieren vor allem die Interventionen der USA in Lateinamerika (vgl. Moraña et al. 2008: 9f.). Wichtige Ausführungen im Rahmen der post- und dekolonialen Theorien machten hierzu außerdem Walter Mignolo, Greg Grandin, Fernando Coronil und Edward Said (vgl. Kerner 2012: 59, 75, 136-143).

10 Hier wie auch allgemein lässt sich ein starker Fokus meiner Kritik am euroatlantischen Raum erkennen. Eine Nichtbeachtung anderer Akteure wie beispielsweise Indien oder insbesondere China wurde bewusst entschieden. Einwände dagegen sind insofern berechtigt, da auch diese Länder ökonomisch mit Dritte-Welt-Ländern zusammenarbeiten und dabei den jeweils mächtigeren Partner darstellen. Ich konzentriere meine Untersuchung gezielt auf den ‚Westen', da ich dessen Einfluss für destruktiver halte und dieser ökonomisch und historisch in besonderem Maße von der schlechten Lage der Länder der Dritten Welt profitiert bzw. für diese verantwortlich ist. Trotzdem muss auf die Probleme der Kooperation mit Ländern wie China und ihrer ‚Entwicklungshilfe' hingewiesen werden. Denn auch die ‚Entwicklungshilfe' Chinas ist nicht bedingungslos: Neben einer Verpflichtung zu materiellen Gegenleistungen geht damit auch die immaterielle Verantwortung einer Zusammenarbeit bzw. Verbündung einher (vgl. van de Looy 2006: 8f. sowie Oqubay, Lin 2019: 14). In der Kritik stehen außerdem die „Auswirkungen auf die Umwelt und das soziale Gefüge, die allgemeine Transparenz von Hilfeleistungen und die Koordination mit anderen Gebern" (Berger et al. 2011: 2), welche im Zusammenhang mit der ‚Entwicklungspolitik' Chinas stehen. Dennoch muss anerkannt werden, dass die finanzielle Zusammenarbeit der afrikanischen Länder mit China weitaus geringer ist als diejenige mit westlichen Ländern: „Die geschätzten 1,6 Mrd. USD staatlicher Entwicklungshilfe, die China 2009 in Afrika geleistet hat, bleiben weit hinter den Zuschüssen traditioneller Geber, wie zum Beispiel Deutschlands, zurück. In Summe erhielt Afrika 2009 fast 30 Mrd. USD öffentliche Entwicklungshilfe (Official Development Assistance – ODA) aus dem Westen" (ebd.: 1). Neben diesem Ungleichgewicht zwischen westlicher und chinesischer ‚Entwicklungshilfe' hat die Zusammenarbeit mit China auch Vorteile für die Länder der Dritten Welt – insbesondere in Relation zur Kooperation mit westlichen Partnern. Denn zum einen bietet sie eine Alternative: Weil die neoliberalen Vorschriften und Strukturanpassungsprogramme der letzten Jahrzehnte nicht den erhofften Wohlstand erzielten, geriet China zunehmend als Partner für Afrika in den

amerikanische Imperialismus eine spezifische Form: Laut Said zeichnet er sich durch schubweises Reagieren aus sowie durch den Einsatz indirekter Macht- und Einflussfaktoren, wie beispielsweise durch Entwicklungspolitik, die eine Entpolitisierung und Schwächung der Länder, die eigentlich davon profitieren sollten, bewirken (vgl. Said 1994: 385ff.).[11] Gestützt wird dies außerdem durch die modernisierungstheoretisch fundierte Wissensproduktion sowie die mediale Berichterstattung (vgl. Kerner 2012: 138).

Blick (vgl. Oqubay, Lin 2019: 3). Die Alternative China räumt den afrikanischen Ländern eine Wahlmöglichkeit und damit etwas mehr Souveränität ein. Ferner spielen auch immaterielle Gründe eine Rolle bei der Hinwendung zu China: Die westlichen Partnerstaaten haben oftmals einen paternalistischen und pessimistischen Blick auf Afrika. Chinas Staatsbürokratie dagegen hält bzw. behandelt Afrika als dynamischen Kontinent mit Potenzial und nimmt eher eine partnerschaftlichere Position ein: China nutzt eine Sprache der Solidarität unter ‚sich entwickelnden Ländern' und setzt auf gegenseitige gewinnbringende Kooperation (*common prosperity*): „Such positive narratives are music to the ears of African policymakers who are wary of perceived Western paternalism and tired of losing policy space because of Western aid-induced policy recommendations“ (ebd.). Dazu kommt, dass durch die Kooperation mit einflussreichen Nicht-Industrieländern wie China, Indien und Brasilien die afrikanischen Interessen international mehr Gehör finden: „[D]ie Kooperation mit den aufstrebenden Wirtschaftsmächten [bietet] Afrika die Möglichkeit, seine Interessen im ‚Windschatten' der gewachsenen globalen Bedeutung der Schwellenländer auf der Ebene von ‚global governance' stärker zur Geltung zu bringen“ (Goldberg 2010: 599). Die sogenannten Schwellenländer haben selbst ein Interesse an der Änderung der globalen Machtverhältnisse unter Vorherrschaft der Industrieländer (vgl. ebd.: 599ff.). Es kann beobachtet werden, dass sich China neben dem Verfolgen der eigenen Interessen auch im Rahmen der UN und der WTO für die Länder der Dritten Welt einsetzt: „Beijing's engagement of other types of international institutions is also growing. From the time of its admission to the WTO, the country has been an active member and has often defended the rights of developing states to a new global trade deal which better reflects their interests" (Lanteigne 2020: 13). Entgegen dem Narrativ, China würde die Versuche des Westens untergraben, „mit Entwicklungspolitik gute Regierungsführung und Menschenrechte in Afrika zu fördern“ (Berger et al. 2011: 1), zeigt sich, „dass Peking für Sanktionen gegen Libyen stimmte, den Sudan drängte, eine gemeinsame Friedenstruppe von UN und Afrikanischer Union in Darfur zuzulassen und Robert Mugabe dazu bewegte, gemeinsam mit der simbabwischen Opposition eine Regierung der nationalen Einheit einzugehen. Gaddafis Libyen erhält keinerlei Entwicklungshilfe von China, der Sudan und Simbabwe nur wenig“ (Berger et al. 2011: 1). Trotz einiger Probleme, die auch mit der Kooperation mit China einhergehen, konzentriere ich mich aufgrund der dargestellten Wirkungen dieser Alternative zur Kooperation mit westlichen Partnerstaaten in meiner Untersuchung auf den euroatlantischen Raum.

11 Auf den Entwicklungsdiskurs und die damit einhergehende Problematik wird in Kapitel 3.3.2 eingegangen.

Der Hintergrund des heutigen Imperialismus sowie des damit einhergehenden Neokolonialismus entwirft ein differenziertes Bild der *Globalisierung*, die sich schrittweise im Zuge der Dekolonisierung etablierte. Wie schon gezeigt wurde, entstand daraus nicht immer eine tatsächliche Unabhängigkeit für die postkolonialen Staaten. Vielmehr entstanden durch den immer globaler durchgesetzten Kapitalismus neue wirtschaftliche Abhängigkeiten und Ausbeutungsverhältnisse. Globale Institutionen wie die Weltbank oder der Internationale Währungsfonds (IWF) geben den ehemals kolonisierten Ländern im Einklang mit den imperialistischen Staaten vor, ihre Ökonomie nach den neoliberalen Prinzipien des freien Handels auszurichten (vgl. Castro Varela, Dhawan 2015: 83). Die wirtschaftliche Macht der imperialistisch handelnden Staaten lässt den ehemaligen Kolonien, die auf Exporte in die Industrienationen angewiesen sind, keine Alternative:

> „Insbesondere die Nationalstaaten des globalen Südens haben dabei scheinbar häufig kaum eine andere Wahl – zuweilen sekundiert durch die amtierenden Machthaber –, als der Globalisierung zu folgen. Transnational operierende Firmen üben beständig Druck auf Regierungen und lokale Akteure aus, um möglichst günstige Bedingungen für die freie Bewegung des Kapitals zu schaffen. Beugen sich die Staaten diesem Druck nicht, folgen Handelsembargos und internationale Isolation“ (ebd.: 80).

Wir kommen hier zurück auf Nkrumah, der den Neokolonialismus als den modernen Versuch, den Kolonialismus bei gleichzeitiger Fiktion von ‚Freiheit‘ fortzuführen, beschreibt (vgl. Nkrumah 1965: 239). Ebendies trifft auf die neuen Abhängigkeitsverhältnisse des globalen Kapitalismus zu.

Aus den bisherigen Erkenntnissen können wir auch Schlussfolgerungen für die internationale Umwelt- und Klimapolitik ziehen. Festzuhalten ist, dass globale Machtverhältnisse insbesondere auf wirtschaftlicher Ebene existieren, wobei die Länder der Dritten Welt eine erheblich schwächere und abhängige Position einnehmen. Es kann daher nicht von einer tatsächlichen Gleichheit der Souveränität ausgegangen werden. Zu der ökonomischen Abhängigkeit kommt in der Klimapolitik die Verwundbarkeit der Dritte-Welt-Länder bezüglich der Folgen des Klimawandels, die die Staaten kaum tragen können. Die Tatsache, dass die Dritte-Welt-Staaten auf die Kooperation der Industrieländer angewiesen sind, schwächt ihre Verhandlungsposition. Dies gilt genauso bezüglich der Menge an Treibhausgasemissionen: durch den weitaus größeren Ausstoß an Emissionen durch die Industriestaaten ist ihre Kooperation besonders relevant. Dies wird dadurch gestützt, dass ein Übereinkommen erst in Kraft tritt, wenn nicht nur 55 Länder ratifiziert haben, sondern diese auch für 55% der weltweiten Emissionen verantwortlich sind (vgl. BMWi 2019).

Es wurde bereits darauf eingegangen, dass der Neokolonialismus neben der materiellen Ebene auch in der epistemischen Dimension wirkt. Wie dies geschieht, wird im folgenden Teilkapitel genauer beleuchtet. Zuerst wird dazu das Konzept der epistemischen Gewalt vorgestellt.

3.3 Epistemische Gewalt

Neben der Ausübung direkter und physischer Gewalt sowie Enteignung und Landraub war die Kolonisierung auch ein massiver epistemischer Eingriff. Zum einen nämlich wurde europäisches Wissen in die Kolonien importiert, gleichermaßen wurde aber auch das präkoloniale Wissen der besetzten Regionen zerstört (vgl. Castro Varela, Dhawan 2015: 39). Es kann hier von einer Verflechtung von Wissensproduktion und Imperialismus gesprochen werden. Der Kolonialismus wurde auf der Ebene des Wissens legitimiert (vgl. Kap. 3.1). Dieses Wissen wirkt noch immer fort und noch heute werden neokoloniale Verhältnisse auf diese Weise gerechtfertigt.

> „Massive soziale und politische Ungleichheitsverhältnisse, denen zahlreiche Formen von Gewalt vorausgehen und aus denen ebensolche resultieren, sind nämlich immer auch von spezifischem Wissen begleitet, das dementsprechend in eine Analyse und Kritik integriert werden muss“ (Brunner 2016a: 39).

Den Begriff der *epistemischen Gewalt* prägte insbesondere Spivak (2016 [1985]). Es handelt sich dabei allgemein um Gewalt auf der Ebene des Wissens. Gewalt und Wissen sind also keineswegs gegensätzlich, sondern verwoben. Claudia Brunner definiert epistemische Gewalt als den „Beitrag zu gewaltförmigen gesellschaftlichen Verhältnissen, der im Wissen selbst, in seiner Genese, Ausformung, Organisation und Wirkmächtigkeit angelegt ist“ (Brunner 2016a: 39). Diese Form der Gewalt ist tief in unser Wissen sowie auch in die Wege, die uns zu diesem führen, eingelagert (vgl. ebd.). Sie umfasst wissenschaftliches Wissen wie auch Alltagswissen. Die epistemische Gewalt wirkt auf mehreren Ebenen:

> „Der schillernde Begriff epistemische Gewalt umfasst also epistemologische, theoretische und konzeptionelle Aspekte ebenso wie politische, wissenssoziologische, institutionelle und ökonomische. Auch wenn es auf der Hand liegt, dass nicht all diese Ebenen gleichzeitig im Detail erfassbar sind, dürfen sie beim Nachdenken über Phänomene und Konzepte von (nicht nur) epistemischer Gewalt nicht außer acht gelassen werden. Das bedeutet, dass bei der Suche nach einer plausiblen Definition epistemischer Gewalt nicht nur Begriffs- und Theoriearbeit zu leisten ist, sondern dass auch der Wissenschaftsbetrieb selbst, also auch die Strukturen und Praktiken der Politikwissenschaft sowie ihre enge Verzahnung mit Politik und Ökonomie mitgedacht werden müssen – und das in einer globalen, verwobenen Dimension“ (Brunner 2016b: 103).

Diese Gewaltform geht über direkte und physische Gewalt hinaus und hängt dennoch damit zusammen, denn von ihr geht ein „Effekt der Normalisierung und Rechtfertigung von anderen Gewaltformen direkter und indirekter Art“ (Brunner 2016a: 39) aus. Epistemische Gewaltverhältnisse sind also mit materiellen verwoben. Ein großes Potential postkolonialer Studien liegt daher in einer materialistischen Analyse der Ausbeutungsverhältnisse verbunden mit der „Kritik der wissensbasierten Normalisierung kolonialer Dominanz“ (Brunner 2016b: 97). Ziele sind die Transformation von Ungleichheitsverhältnissen wie auch eine „Dekolonisierung des Wissens“ (ebd.) und schließlich die Verminderung direkter und indirekter Gewaltformen.

Beispiele epistemischer Gewalt im postkolonialen Kontext sind die Betrachtung nicht-westlicher Gesellschaften nur als Vorstufen gesellschaftlicher Entwicklung sowie die Beschreibung der Moderne als rational, demokratisch und fortschrittlich: „Aus postkolonialer Sicht liegt Gewalt im engen wie im weiten Sinne in den eurozentrischen Paradigmen der Moderne selbst begründet“ (ebd.: 93). Ein Anlass, diese genauer in den Blick zu nehmen.

3.3.1 Westen und Moderne

Eine ausführliche Kritik am Konzept des ‚Westens‘ – welches als praktisch synonym zum Begriff ‚modern‘ verwendet werden kann – übt Stuart Hall: „Mit ‚Westen‘ meinen wir einen Gesellschaftstyp, der als entwickelt, industrialisiert, städtisch, kapitalistisch, säkularisiert und modern beschrieben wird“ (Hall 2012: 138). Es funktioniert zum einen als Metapher:

> „Es ruft ein zusammengesetztes Bild davon vor unser geistiges Auge, wie verschiedene Gesellschaften, Kulturen, Völker und Orte beschaffen sind – es *repräsentiert* in verbaler und bildhafter Sprache" (ebd.: 138f.) (Hervorhebung vom Autor).

Weiter dient es, um Gesellschaften zu charakterisieren und zu klassifizieren. Es bildet ein Vergleichsmodell bzw. den Standard und stellt Untersuchungskriterien bereit, „mit denen andere Gesellschaften bewertet werden und um die herum sich machtvolle positive und negative Gefühle bündeln" (ebd.: 139). Es produziert eine ganz bestimmte Art von Wissen über Gesellschaften, die Idee des ‚Westens' wurde durch ihre realen Folgen aber auch selbst produktiv.

> „Das ist es, was den Diskurs von ‚der Westen und der Rest' so zerstörerisch macht – er trifft grobe und vereinfachte Unterscheidungen und konstruiert eine absolut vereinfachte Konzeption von ‚Differenz'" (ebd.: 142).

Die Klassifizierung der Welt ist auch nach Vázquez (2011) ein Schlüsselprozess der epistemischen Gewalt, die von der ‚Moderne' ausgeht: Sie dient der Objektivierung sowie Einordnung und setzt daher eine Ordnung der Welt: „Classification upholds, ‚naturalizes' hierarchies. It creates an image of the world as representation, one in which the real is vacated from experience" (Vázquez 2011: 35).

Die Kolonialität der Moderne wird auch mit dem Begriffspaar ‚Moderne/Kolonialität' ausgedrückt (vgl. Mignolo 2005 sowie Quijano 2000). Es verdeutlicht den Zusammenhang der beiden Bereiche: „Coloniality and modernity constitute two sides of a single coin" (Grosfoguel 2007: 218). Denn zum einen wurde die industrielle Revolution in den Ländern der Kolonisierenden durch die Ausbeutung der Kolonisierten gestützt, zum anderen entstanden neue Identitäten, Rechte, Gesetze und Institutionen der Moderne wie beispielsweise die Nationalstaaten, die Staatsbürgerschaft und die Demokratie in einem Prozess kolonialer Interaktion mit nicht-westlichen Menschen sowie der Herrschaft über diese (vgl. ebd.).

Als eurozentrisch[12] können die Konstrukte der ‚Moderne' und des ‚Westens' daher bezeichnet werden, da die klassische

[12] Conrad und Randeria (2013) beschreiben zwei zentrale Annahmen für den *Eurozentrismus*: Zum einen wird die europäische Entwicklung beschrieben als eine vom nicht-europäischen ‚Anderen' völlig unabhängige „Erfahrung *sui generis*" (Conrad, Randeria 2013: 35) (Hervorhebung von den Autor*innen). Zum anderen

Modernisierungstheorie die zentralen soziokulturellen Aspekte an der Entwicklung Europas und Nordamerikas ablas und sie als Evolutionsprozesse auf die gesamte Welt projizierte sowie universalisierte (vgl. Spohn 2010: 4f.). Die Moderne gibt dabei die universale Entwicklungsrichtung vor. Im Zuge einer postkolonialen Analyse gilt es, diese und ähnliche Formen der epistemischen Gewalt zu identifizieren und zu kritisieren. Eine kritische Auseinandersetzung mit solchen Weltbildern bedeutet dabei nicht per se eine Ablehnung aller ihrer Denkmuster und Praktiken. Vor allem gehe es darum, „die Problematiken westlicher Diskurse und Praktiken offenzulegen" (Kerner 2012: 35). Das universalistische Denken, demzufolge westliche Zivilisation und Demokratie als Maxime gelten, muss vor allem deshalb problematisiert werden, da es auch als Stütze der kolonialen und neokolonialen Herrschaft dient (vgl. Conrad, Randeria 2013: 56). Seit der Kolonialisierung geht von dem *epistemischen Territorium der Moderne* (Vázquez 2011)[13] eine Legitimierung von Ausbeutungs- und Ungleichheitsverhältnissen aufgrund von erklärter moralischer Überlegenheit aus:

> "We went from the sixteenth century characterization of 'people without writing' to the eighteenth and nineteenth century characterization of 'people without history', to the twentieth century characterization of 'people without development' and more recently, to the early twenty-first century of 'people without democracy'. (...) All of these are part of global designs articulated to the simultaneous production and reproduction of an

---

wird die moderne Geschichte beschrieben als die Ausbreitung europäischer und ‚westlicher' Errungenschaften, welche mit dem Kapitalismus, politisch-militärischer Macht, Kultur sowie Investitionen gleichzusetzen sind. Schließlich scheint auch die einzig denkbare Zukunft der Welt in der fortschreitenden Verwestlichung zu bestehen (vgl. ebd.). Der Eurozentrismus ist ein Ausgangspunkt des Kolonialismus: „the ruling part, the brain of the total organism, was Europe, and in every colonized part of the world, the Europeans" (Quijano 2007: 176). Die Art und Weise, wie er fortwirkt kann durch das Konzept des ‚epistemischen Territoriums der Moderne' (s. folgende Fußnote) beschrieben werden.

13 Der Begriff des epistemischen Territoriums der Moderne wurde insbesondere durch Rolando Vázquez geprägt. Anders als der Eurozentrismus (s. vorangegangene Fußnote) geht es nicht mit einer geographischen Festlegung einher. Es bildet den Raum der ‚Moderne', das heißt, alles, worauf die 'Moderne' bezogen ist: „Modernity's epistemic territory designates both the realm where the discourses of modernity thrive and their very horizon of intelligibility" (Vázquez 2011: 27). Alles, was nicht der Lesbarkeit und der Überzeugung des epistemischen Territoriums der Moderne entspricht, wird in seinem Diskurs als wertlos erachtet.

international division of labor of core/periphery that overlaps with the global racial/ethnic hierarchy of Europeans/non-Europeans“ (Grosfoguel 2007: 214).

Heute wird diese Hierarchie vor allem durch die ‚Rationalität‘ – vielmals zurückgeführt auf die Aufklärung – der Moderne und ihrer Subjekte begründet (vgl. Quijano 2007: 171f.). Gestützt werden neokoloniale Handlungen auch durch die ebenfalls auf der epistemischen Ebene wirkenden Rechtfertigungsstrategien der ‚Entwicklung‘ der Länder der Dritten Welt.

3.3.2 Der Entwicklungsdiskurs

Das Konzept der ‚Entwicklung‘ steht für normativ positiv aufgeladene Prozesse und umfasst primär ökonomisches Wachstum, bezieht aber auch andere Aspekte wie Grundbedürfnisse, Armutsbekämpfung und Bildung mit ein (vgl. Ziai 2010: 400). Es hat einen stark wirtschaftlichen Fokus, wirkt aber insofern ähnlich wie die Konzepte des ‚Westens‘ und der ‚Moderne‘ als es bestimmte Prozesse, die vor allem in Europa und Nordamerika stattfanden, zur Norm erklärt und diese als einzig mögliche Form der ‚Entwicklung‘ anerkennt: „ihr Ausbleiben bzw. ihre Unvollständigkeit wurden als erklärungsbedürftig definiert und zur Grundlage einer wissenschaftlichen Disziplin“ (ebd.). Aufgrund der scheinbar wissenschaftlich-objektiven Perspektive gilt das Konzept als legitim und wird auch von den Regierungen der Dritte-Welt-Länder selbst genutzt (vgl. Dinkel 2014). Durch die Etablierung dieses Einteilungsmusters wurde eine Entpolitisierung der Dritten Welt und ihrer gesellschaftlichen Probleme erwirkt (vgl. ebd.). Denn einerseits liegen hinter den auf ‚Unterentwicklung‘ zurückgeführten Problemen oft komplexe und auch politische Zusammenhänge:

> „Hinter so charakterisierten „Entwicklungsproblemen“ verbergen sich jedoch äußerst heterogene Phänomene, deren Ursachen und Kontexte, die oftmals viel mit Machtverhältnissen, Privilegien und Exklusion zu tun haben, durch diese Bezeichnung überdeckt werden. Es wird begrifflich suggeriert, dass sich die Probleme durch Entwicklungsinstitutionen und -projekte, durch technische, unpolitische Eingriffe lösen lassen“ (Ziai 2010: 401).

Zum anderen wird dadurch der Reichtum der ‚Ersten Welt‘ losgelöst von Kolonialismus und Neokolonialismus und stattdessen verknüpft „mit Diskursen von Fortschritt und Rationalität als Produkte europäischer Aufklärung“ (Castro Varela, Dhawan 2015: 87). Ein Eingestehen der Schuld der imperialistischen Staaten an der Lage der Dritten Welt wurde abgelöst von dem „Empowerment-Paradigma" (ebd.) im aktuellen Entwicklungsdiskurs. Als eine Art pädagogisches Projekt beruht es auf der „Entmündigung ehemals kolonisierter Völker" einerseits sowie der „Bestätigung Europas als überlegene Macht" andererseits (ebd.: 36). Castro Varela und Dhawan ziehen außerdem eine direkte Linie zur Rechtfertigung des Kolonialismus als ‚Zivilisierungsmission':

> „Die Legitimierungsstrategie von Kolonialismus als Rettungsmission und der Dualismus zwischen ‚Zivilisierten' und ‚Unzivilisierten' wird in heutigen internationalen Diskursen durch Kategorien wie etwa ‚entwickelt' und ‚unterentwickelt' wiederholt und ist auch in der Unterscheidung von ‚entwickelten' und ‚unterentwickelten' Rechtssystemen wiederzufinden" (ebd.).

Wie durch die Beschreibung nichteuropäischer Gemeinschaften als ‚unzivilisiert' der Kolonialismus gerechtfertigt wurde, werden heute durch den Entwicklungsdiskurs ökonomische Abhängigkeitsverhältnisse gerechtfertigt. Eine kritische Analyse des Entwicklungsdiskurses führt der Anthropologe *Arturo Escobar* in seinem Buch „Encountering Development. The Making and Unmaking of the Third World" (1995) durch. Er zeigt, wie das durch den Entwicklungsdiskurs produzierte Wissen tiefgreifende Machteffekte nach sich zieht: Durch die Verbreitung der Idee der globalen Vorreiterrolle des euroatlantischen Raums sowie dem Bewusstsein der eigenen ‚Unterentwicklung' in den Ländern der Dritten Welt (vgl. Escobar 1995: 9f. sowie Kerner 2012: 112). ‚Entwicklung' kann damit keinesfalls als ein wissenschaftlich-objektives Einteilungsmuster gelten, sondern muss viel mehr in den Kontext globaler Herrschafts- und Ausbeutungsverhältnisse gestellt werden. Als eurozentrisches Wissenssystem trägt auch der Entwicklungsdiskurs zur Marginalisierung nicht-westlichen Wissens bei (vgl. Escobar 1995: 13). Im Rahmen von postkolonialen Ansätzen wird dieses Konzept daher stark kritisiert und innerhalb von Macht-Wissens-Verhältnissen historisiert (vgl. Danielzik, Bendix 2016: 273). In Entwicklungsdiskursen werden Subjekte in bestimmten Positionen platziert, „die mitentscheiden, ob sie eher als politisch mündige Entscheidungsträger*innen oder als passive Empfänger*innen von ‚Hilfe' angesprochen werden" (ebd.: 279). Dies ist daher verheerend, da durch diese Subjektkonstruktionen beispielsweise entschieden wird, wer Zugang zu ökonomischen Ressourcen erhält und „wer in der Formulierung dieser Politiken marginalisiert bleibt" (ebd.). Im Zuge meiner Analyse will ich einen besonderen

Blick auf das Konstrukt ‚Entwicklung' werfen sowie untersuchen, in welchen Positionen Subjekte im Diskurs der internationalen Umweltpolitik – auch unter Zuhilfenahme der Einteilung ‚entwickelt' versus ‚unterentwickelt' – platziert werden.

Ein Schlagwort, das häufig im Zusammenhang mit Umwelt- bzw. Klimaschutz fällt, ist das der ‚nachhaltigen Entwicklung'. Dieses Konzept war ursprünglich in einer *Abgrenzung* von ökonomischem Wachstum gedacht, wie dies beispielsweise in der Definition des Wachstumskritikers Herman Daly (1994, 1999) verstanden wird:

> „Mit ‚Entwicklung' meine ich qualitative Verbesserungen der Struktur, der Gestaltung und der Zusammensetzung physikalischer Bestände und Ströme, die aus größerem Wissen sowohl um die Mittel *als auch um die Ziele* resultieren. Kurz gefasst ist Wachstum ein quantitativer Anstieg in physikalischen Dimensionen, Entwicklung eine qualitative Verbesserung in nicht-physikalischer Hinsicht. Eine Volkswirtschaft kann sich also entwickeln ohne zu wachsen, ebenso wie der Planet Erde sich entwickelt hat ohne zu wachsen" (Daly 1994: 1) (Hervorhebung vom Autor).

Daly spricht sich auch gegen ein nachhaltiges Wachstum aus: dieses ist nicht mit nachhaltiger Entwicklung gleichzusetzen, da sich letztere nicht auf ökonomisches Wachstum bezieht (vgl. Daly 1999: 225f.). Inzwischen wurde das Konzept jedoch in die klima- und entwicklungspolitischen Diskurse aufgenommen und entgegen seiner ursprünglichen Bedeutung geradezu mit nachhaltigem Wachstum gleichgesetzt: Ein Beispiel hierfür sind die im Rahmen der Agenda 2030 von der UNO formulierten *Sustainable Development Goals* (SDGs) (vgl. BMU 2018), welche auf ökologische und soziale, aber auch ökonomische Nachhaltigkeit bzw. Wirtschaftswachstum zielen. Es ist ein Versuch, die Ökonomie mit der Ökologie zu verbinden: „In trying to square the circle, the question was: how can we protect nature while keeping on competing and growing economically?" (Sachs 1999: xii). Ähnlich funktioniert auch das Konzept der ‚Grünen Ökonomie'[14], die jedoch vermehrt auf bereits ‚entwickelte' Länder bezogen wird. Die ‚nachhaltige Entwicklung' ist dagegen die neue Forderung an die Ökonomien der Dritte-Welt-Länder: Sie sollen sich nun den westlichen Prinzipien der ‚Entwicklung' anpassen, dabei aber gleichzeitig nicht zusätzliche

[14] „Ziel einer „Grünen Ökonomie" ist es, gesellschaftlichen Wohlstand und soziale Gerechtigkeit im internationalen Rahmen zu erhöhen und gleichzeitig ökologische Krisen und Knappheiten zu reduzieren" (Dietz, Engels 2015: 7).

Emissionen ausstoßen, damit die Industrieländer selbst eine ,Grüne Ökonomie' umsetzen können, das heißt so lange wie möglich am Wachstum der eigenen Ökonomien festhalten können: „Industrieländer profitieren hierbei doppelt, indem sie ihre Klimawandelverantwortung vergesellschaften und (...) ihre Ziele einer Grünen Ökonomie verfolgen können" (Bauriedl 2016: 346). Auch Agarwal und Narain kritisieren die Forderung der Industrieländer, dass Länder der Dritten Welt nachhaltig wachsen sollen, ohne dabei selbst die Emissionen drastisch zu reduzieren:

> „Was für einen Sinn macht es, das in einem Entwicklungsland einzuführen, wenn die reichen und mächtigen Konsumenten der Welt nicht dazu bereit sind, die wahren Kosten ihres Verbrauchs zu tragen?" (Agarwal, Narain 1992: 46).

Escobar problematisiert darüber hinaus jegliche Forderungen einer ,alternativen Entwicklung' und fordert dagegen ,Alternativen zur Entwicklung' (vgl. Escobar 1995: 215ff.), wobei er ,Entwicklung' in Verbindung mit dem gesamten Entwicklungsdiskurs begreift:

> „Development unmade means the inauguration of a discontinuity with the discoursive practice of the last forty years, imagining the day when we will not be able to say or even entertain the thoughts that have led to forty years of incredibly irresponsible policies and programs" (ebd.: 217).

Denn solange das Paradigma der ,Entwicklung' existiere, gehen mit ihm die erläuterten Machteffekte einher. Jede alternative ,Entwicklung' ist für ihn „another metaphor that speaks of strategies to contain the Western economy as a system of production, power, and signification" (ebd.: 216).

3.3.3 Der Global-Governance-Diskurs

Im Anschluss an den Entwicklungsdiskurs konstatiert Aram Ziai den *Global-Governance-Diskurs* als einen „der Diskurse, die als potenzielle Nachfolger des Entwicklungsdiskurses ein neues Repräsentationssystem der Nord-Süd-Beziehungen bereitstellen" (Ziai 2006: 91). Global Governance – gelegentlich auch als ,Weltordnungspolitik' oder ,globale Strukturpolitik' bezeichnet – beschreibt eine Form der internationalen Kooperation unter Beteiligung von Staaten, internationalen und Nichtregierungs-Organisationen, zivilgesellschaftlichen Akteuren und Wirtschaftsunternehmen (vgl. ebd.: 72): Es geht um das „Regieren auf globaler Ebene" (ebd.: 73) ohne eine zentrale Weltregierung. Ziai problematisiert den Global-Governance-Diskurs aus postkolonialer Perspektive, da dieser ein „Klima der imperativen Kooperation" (ebd.: 92f.) herstellt, das globale Machtverhältnisse missachtet. Außerdem schließt er „konfrontative oder nicht-marktwirtschaftliche Lösungsansätze" (ebd.: 93) grundsätzlich aus, indem er die ‚Menschheitsprobleme' definiert und den Rahmen der Handlungsmöglichkeiten absteckt. Ziai sieht im Global-Governance-Diskurs Überschneidungen zum neokolonialen wie auch zum neoliberalen Diskurs:

> „Oftmals werden Handelsliberalisierung, die Privatisierung öffentlicher Institutionen und Versorger sowie eine prinzipielle Vorrangstellung für marktorientierte Lösungen als kompatibel mit oder sogar als Bestandteil von Global Governance angesehen" (ebd.: 96).

Auch in diesem Diskurs werden eurozentrische Kategorien wie die Bezeichnung ‚Entwicklungsländer' reproduziert (ebd.: 93f.). Ziai kritisiert außerdem die Metapher, dass alle in ‚einem Boot' säßen.[15] Denn der zentrale Stellenwert ‚gemeinsamer Menschheitsinteressen' gibt allen Menschen vor, „was ihr Interesse sei, ohne sie danach gefragt zu haben" (ebd.: 95). Selbst wenn es ein solches gemeinsames Menschheitsinteresse gibt, sehen die Interessenlagen der einzelnen Menschen sehr heterogen aus. Und auch von der Kooperation profitieren alle unterschiedlich, denn Ziai stellt fest,

> „dass es schlicht verdächtig ist, wenn die Besitzenden den Besitzlosen erzählen, sie alle hätten ein gemeinsames Interesse und zur Rettung der Einen Welt müssten jetzt alle zusammenarbeiten – und, so die Implikation, alle anderen Konflikte um Verteilung und Herrschaftsverhältnisse hintanstellen. Verdächtig in dem Sinne, dass eine solche harmonische Zusammenarbeit mit dem Ziel der Überlebenssicherung der Menschheit (…) bestimmten im status quo privilegierten gesellschaftlichen Gruppen eindeutig mehr zugute kommt als anderen" (ebd.: 95f.).

---

[15] Die Problematik erläutert er, indem er die Metapher weiterdenkt: „Mag sein, dass alle Menschen den Fortbestand des Planeten als in ihrem Interesse liegend bezeichnen würden, vielleicht ist hier sogar ihr „objektives Interesse" daran begründbar – irgendwie sitzen wir ja in „einem Boot", um die vielfach gebrauchte Metapher aufzugreifen. Dennoch ist denkbar, dass die Passagiere auf dem Sonnendeck eher auf die gemeinsamen Interessen des Nicht-Untergehens abheben als die Rudersklaven – von den Schiffseignern ganz zu schweigen" (Ziai 2006.: 95).

Dies wird im Global-Governance-Diskurs nämlich kaum beleuchtet. Mithilfe der diskursiven Figur der ‚Einen Welt' wird ein „gemeinwohlorientierter kollektiver Akteur ‚Menschheit' konstruiert" (ebd.: 130). Auch diese dient der „Verschleierung von Machtunterschieden und Interessenskonflikten innerhalb des kollektiven Akteurs ‚Menschheit'" (ebd.: 131).[16] Ziai fordert daher eine stärkere Teilhabe der Subalternen bei der Global Governance, wobei er unter Bezug auf Spivak (2016 [1985]) nicht die „Staats- und Regierungschefs der Peripherieländer" sondern „die jeweils von politischer Teilhabe Ausgeschlossenen, die nicht repräsentierten, sogar artikulationsunfähigen Teile der Gesellschaft" (Ziai 2006: 97) meint.[17]

Der Global-Governance-Diskurs nach Ziai wird deshalb integriert, da sich daraus Parallelen zum Diskurs der internationalen Klimapolitik, welche ebenfalls auf der Ebene der Global Governance stattfindet, ziehen lassen. Beispiele hierfür sind insbesondere die ‚Boot-Metapher' bzw. die Erklärung eines gemeinsamen Menschheitsinteresses der

---

16 Ziai problematisiert die Begriffe der ‚Einen Welt' bzw. der ‚Menschheit' folgendermaßen: „Der kollektive Akteur ‚Menschheit', der sein Handeln am Wohle der Menschen ausrichtet, ist eine diskursiv konstruierte Fiktion – wiederum eine politisch folgenreiche. Denn er klammert systematisch die Frage danach aus, wem die ‚Problemlösungspotentiale' der Menschheit gehören und warum sie nicht ohne weiteres für die ‚globalen Herausforderungen' Überwindung der Armut und Umweltschutz eingesetzt werden, nicht einmal eingesetzt werden können" (Ziai 2006: 131). Damit begründet er seine gesellschaftliche Funktion der Verschleierung von Machtverhältnissen.

17 Dass dies nicht von Seiten der – wie dargestellt eurozentrisch, neokolonial und neoliberal geprägten – Global Governance passieren wird, gesteht Ziai hier ein. Agarwal und Narain, zwei für den Diskurs der *Klimagerechtigkeit* (vgl. Kap. 5.2) prägende indische Wissenschaftler*innen übten schon zu Anfangszeiten der sich institutionalisierenden internationalen Klimapolitik Kritik an der Reproduktion der Machtverhältnisse in diesem Diskurs: „Die westlichen Medien werden jeden Politiker aus der Dritten Welt feiern, der bereit ist, genauso über Umweltfragen zu sprechen wie die Westler und außerdem den westlichen Markenartikel des klangvoll klingenden, aber bislang heuchlerischen ‚Eine Welt'-ismus übernimmt. Es wird keinen Mangel an Fernsehauftritten und -sendungen, Zeitungsinterviews, Einladungen zu internationalen Konferenzen, Einkünften westlichen Zuschnitts und persönlicher Berühmtheit weltweit geben. Genauso einfach ist es jedoch, die Interessen zukünftiger Generationen der Dritten Welt unter dem gefälligen Motto globalen Umweltschutzes und globaler Wohlfahrt zu verkaufen. Für die Armen wird es eine grausame und schlechte Welt bleiben, die nicht dazu bereit ist, ihnen einen fairen Platz einzuräumen" (Agarwal, Narain 1992: 48). Demnach müsste die Transformation „von den subalternen Akteuren selbst konkret erstritten werden" (Ziai 2006: 97), auch um nicht wieder von (globalen oder lokalen) Eliten vereinnahmt zu werden.

‚Einen Welt', die Vorgabe von marktbasierten Lösungen sowie die starke Definitionsmacht des Diskurses (s.o.). Auch bei meiner Untersuchung fällt auf, dass oft auf eine gemeinsame Verantwortung und ein Interesse der ‚Menschheit' an sich verwiesen wird. Ebenso stehen zur Bewältigung von klimawandelbedingten Schäden und Verlusten vor allem marktbasierte Lösungen im Vordergrund (vgl. Kap. 7).

3.4 Poststrukturalismus und Marxismus

Einen großen Einfluss auf postkoloniale Theorien haben der Poststrukturalismus und der Marxismus. Der *Poststrukturalismus* stellt in seinen Grundzügen eine „kritische Auseinandersetzung mit den Vorgaben und Inhalten des Strukturalismus" (Schroer 2017: 347) dar, ohne letzteren dabei abzulehnen. Ein besonderer Aspekt gilt dem Subjekt, dessen Autonomie und Rationalität hinterfragt wird (vgl. Kerner 2012: 34). Für die postkolonialen Theorien ist darüber hinaus der kritische Blick auf die westliche Moderne relevant. Problematisiert werden dabei vor allem das lineare Geschichts- und Fortschrittsverständnis sowie universalistische theoretische und politische Ansprüche, die dem Westen entstammen (vgl. ebd.). Beispiel dafür ist die zuletzt aufgezeigte Kritik an den Konzepten des ‚Westens' und der ‚Moderne' aus postkolonialer Perspektive. Von besonderem Interesse für postkoloniale Zusammenhänge ist die Machtanalytik von Michel Foucault. [18] Zentral ist hier der Zusammenhang von Macht und Wissen:

> „Doch handelt es sich nicht darum, die Macht als Beherrschung oder Herrschaft zu verstehen und so als Grundgegebenheit, als einziges Erklärungs- oder Gesetzesprinzip gelten zu lassen; vielmehr gilt es, sie stets als eine Beziehung in einem Feld von Interaktionen zu betrachten, sie in einer unlöslichen Beziehung zu Wissensformen zu sehen und sie immer so zu denken, dass man sie in einem Möglichkeitsfeld und folglich in einem Feld der Umkehrbarkeit, der möglichen Umkehrung sieht" (Foucault 1992: 40).

Auch das postkoloniale Konzept der epistemischen Gewalt richtet seinen Blick auf den Zusammenhang von Wissens- und Machtverhältnissen. Vielfach weniger in den postkolonialen Theorien gewürdigt wird der *Marxismus*. Marxistische Ansätze sehen den Kolonialismus sowie

[18] In Kapitel 6.1 folgt eine genauere Darstellung zentraler Konzepte Michel Foucaults, die im Rahmen meiner Analyse Verwendung finden. Dazu gehören insbesondere seine Verständnisse von Diskurs und Macht.

den Neokolonialismus in direkter Verbindung mit dem Kapitalismus. Bei einer Betrachtung des immer globaler durchgesetzten Kapitalismus im Zusammenhang mit neokolonialen Kräfteverhältnissen wird deutlich, welchen Einfluss ökonomische Aspekte auf die heutigen Herrschaftsbeziehungen haben (vgl. Kap. 3.2). Deshalb wird aus marxistischer Richtung immer wieder am Postkolonialismus die „Vernachlässigung einer Analyse der ökonomischen Strukturen" (Castro Varela, Dhawan 2015: 43) kritisiert. Vivek Chibber beispielsweise spricht von einer „Verschleierung des Kapitalismus" (Chibber 2018: 357) in den postkolonialen Subaltern Studies, da diese die mit dem Kapitalismus einhergehenden Machtverhältnisse unberücksichtigt lassen. Außerdem kritisiert er die ausbleibende Würdigung marxistischer Vorarbeiten, die bereits seit Beginn des 20. Jahrhunderts versucht haben, „die besonderen Auswirkungen der kapitalistischen Entwicklung auf die nicht-westlichen Gebiete zu verstehen" (ebd.: 363). Infolgedessen werden inzwischen materialistische Aspekte wieder vermehrt in die postkolonialen Analysen mit einbezogen (vgl. Kerner 2012: 38). Dies kann beispielsweise geschehen, indem Texte historisch kontextualisiert werden und im Zusammenhang mit der der empirischen Wirklichkeit, „mit der sie im Austausch stehen, die sie adressieren und von der sie beeinflusst werden" (ebd.: 39), diskutiert werden. In dieser Arbeit soll dies geschehen, indem der Diskurs auch in Zusammenhang mit den Konsequenzen betrachtet wird. Ich betrachte die konkreten Regelungen im Blick auf ihre Folgen und möglicher resultierender Abhängigkeits- und Ungleichheitsverhältnisse. Außerdem versuche ich, neben meinem Rückgriff auf Analyseinstrumente, die stark poststrukturalistisch geprägt sind, ebenfalls marxistisch geprägte Ansätze in das Fundament der Arbeit zu integrieren. Ein zentraler Referenzpunkt ist auch Antonio Gramsci: In seinem Konzept der Hegemonie beleuchtet er die Aspekte von Macht, „die ohne Zwang wirken und produktive Effekte erzeugen" (ebd.: 69). Hegemonie beschreibt er als eine Form der Klassenherrschaft, die auf der großen Zustimmung auch großer Teile der Beherrschten basiert, wobei Klassen als sehr heterogene Zusammensetzung verschiedener Gruppen und nicht als ein homogenes Gebilde verstanden werden können (vgl. Becker et al. 2013: 19f.). Führend im Sinne einer Hegemonie kann eine Klasse jedoch nur dann werden, wenn sie bündnisfähig wird, d.h. Kompromisse eingeht (vgl. ebd.: 20). Dieser Aspekt der Hegemonie ist besonders interessant vor dem Hintergrund postkolonialer Zusammenhänge: Während in Zeiten des Kolonialismus eine Form direkter Herrschaft ausgeübt wurde, wird nun versucht, die

Herrschaftsverhältnisse durch Hegemonie aufrechtzuerhalten. Das Konzept der ‚Entwicklung' – wie auch zahlreiche andere neokoloniale Wissenssysteme – hilft, wie dargelegt, materielle Ausbeutungsverhältnisse und damit die ‚Klassenherrschaft' der euroatlantischen Welt aufrechtzuerhalten. Wirkt dieses Wissenssystem jedoch nicht mehr, reagieren die herrschenden Klassen repressiv, bis die Hegemonie wiederhergestellt ist: Es wird dann die wirtschaftliche Macht beispielsweise durch Handelsembargos eingesetzt, aber auch politisch-militärische Interventionen sind möglich (vgl. Kerner 2012: 138 sowie Castro Varela, Dhawan 2015: 80). Bisher wurde der Imperialismus vor allem auf politischer und wirtschaftlicher Ebene beleuchtet. Folgend soll dargestellt werden, welche Auswirkungen er in der ökologischen Dimension hat.

3.5 Ökologischer Imperialismus und Schuld

Ein nicht direkt der postkolonialen Theorie entlehntes Konzept, das aber im Zusammenhang mit internationaler Umweltpolitik relevant ist, ist das Konzept des ökologischen Imperialismus und damit auch der ökologischen Schuld. Ebenso wie die postkoloniale Theorie setzt dieses Konzept am Kolonialismus und seinen Folgewirkungen an. Mit der Frage nach der ökologischen Schuld bildet es zudem einen relevanten Hintergrund für Debatten um die Verantwortung für die Kompensation klimawandelbedingter Schäden und Verluste. Es ist daher eine Schnittstelle zwischen postkolonialen Ansätzen und der Untersuchung meines Gegenstands.

Ökologischer Imperialismus bezeichnet die Ausbeutung der Umwelt durch imperialistische Länder insbesondere auf Kosten kolonisierter Gemeinschaften bzw. der Dritte-Welt-Länder. Ein Beispiel ist die Plünderung oder Ausfuhr von Ressourcen und die damit zusammenhängende Ausbeutung sowie die Ab- bzw. Einwanderung von Bevölkerungsteilen (vgl. Foster, Clark 2009: 187). Weitere Formen sind der Eingriff in die und die Ausbeutung der Ökosysteme anderer Regionen, das Entsorgen von Abfällen sowie das Schaffen einer ‚Metabolischen Kluft'[19], einer Entfremdung von Mensch und Natur (vgl. ebd.). Diese Aspekte können in unterschiedlicher Ausprägung im Kolonialismus aber auch noch heute beobachtet werden:

19 Foster und Clark sehen die ‚Metabolische Kluft' als charakteristisch für die Beziehung des Kapitalismus zur Umwelt, an der das kapitalistische Wachstum jedoch letztlich an seine Grenzen gerät (vgl. Foster, Clark 2009: 187).

„This relation has not changed at all over the centuries as witnessed by the wars over guano and nitrates of the late nineteenth century and the wars over oil (and the geopolitical power to be obtained through control of oil) of the late twentieth and early twenty-first century" (ebd.: 198).

Foster und Clark sehen den ökologischen Imperialismus in einem direkten Zusammenhang mit dem Kapitalismus. Unter Bezugnahme auf Marx stellen sie die ökologische Degradierung neben die soziale, die mit dem Kapitalismus einhergeht (vgl. ebd.: 197f.). Aus dieser Art des ausbeuterischen Eingriffs in die Umwelt folgt die *ökologische Schuld* der Industriestaaten, die die ecuadorianische Organisation Acción Ecológica definiert als

„the debt accumulated by Northern, industrial countries toward Third World countries on account of resource plundering, environmental damages, and the free occupation of environmental space to deposit wastes, such as greenhouse gases, from the industrial countries" (Acción Ecológica 2000: 1).

Die Hauptdimensionen für die Schuld sind nach Foster und Clark zum einen die sozial-ökologische Destruktion und Ausbeutung und zum anderen die imperialistische Aneignung von Allgemeingütern bzw. die Ausbeutung transnationaler Senken (vgl. Foster, Clark 2009: 193). Für letzteres – die Übernutzung von Allmenden – existiert jedoch keine Kompensation an der Allgemeinheit bzw. an denen, die unter den Folgen leiden. Dennoch wird damit ein erheblicher Wohlstand aufgebaut, der die westlichen Länder wiederum in die Position bringt, sich durch Anpassung an den Klimawandel vor dessen Folgen besser schützen zu können, als dies beispielsweise bei den Ländern der Dritten Welt der Fall ist, welche daher stärker unter den Auswirkungen leiden, an denen sie keine bzw. kaum eine Mitschuld tragen. Ulrich Brand und Markus Wissen sehen diesen ‚ungleichen ökologischen Tausch' als eine Folge der *imperialen Lebensweise* der Ersten Welt (vgl. Brand, Wissen 2011: 87).[20] Diese Lebensweise ist deshalb imperial, da sie „auf die Peripherie

[20] Brand und Wissen prägten den Begriff der *imperialen Lebensweise* (2011), der komplementierend zu dem des ökologischen Imperialismus aufgefasst werden kann. Sie verweisen damit auf „herrschaftliche Produktions-, Distributions- und Konsummuster, die tief in die Alltagspraktiken der Ober- und Mittelklassen im globalen Norden und zunehmend auch in den Schwellenländern des globalen Südens eingelassen sind" (Brand, Wissen 2011: 80). Auch sie sehen die imperiale

angewiesen ist, deren Ressourcen, Arbeitskräfte und Senken sie sich aneignet" (Bauriedl 2016: 346). „Menschen mit hoher Bildung, relativ hohem Einkommen und hohem Umweltbewusstsein" (Brand, Wissen 2011: 88) haben ihnen zufolge einen besonders hohen Ressourcenverbrauch, „während Klassen oder Milieus mit geringem Umweltbewusstsein, aber auch geringem Einkommen objektiv weniger Ressourcen verbrauchen" (ebd.). Ganz im Sinne der marxistischen Ausrichtung des Konzeptes des ökologischen Imperialismus kann auch hier ein Klassenverhältnis beobachtet werden. Dies gilt auch zwischen den reichen und den ärmeren Staaten der Ersten bzw. Dritten Welt. Denn über die Umweltzerstörung hinaus haben die Industrieländer mit dem Ausstoß ihrer Emissionen außerdem maßgeblich zur Entstehung des Klimawandels beigetragen:

> „Die Industrieländer weisen aktuell immer noch deutlich höhere Pro-Kopf-Emissionen auf als Entwicklungsländer; auch haben sie seit der Erfindung der Dampfmaschine bis heute mehr Emissionen in der Atmosphäre abgelagert als die Entwicklungs- und Schwellenländer" (Edenhofer, Jakob 2019: 23f.).

Sie tragen dadurch eine Schuld, die sowohl zurückgeht auf den Kolonialismus und der damit einhergehenden ökologischen sowie sozialen Ausbeutung als auch eine, die durch den wirtschaftlichen Aufstieg der euroatlantischen Welt seit dem Industriezeitalter, welcher ebenfalls in ökologischen und sozialen Verwerfungen insbesondere in den Ländern der Dritten Welt resultiert, bedingt ist. Somit können der gesamte ökonomische Aufschwung und damit auch der noch heute fortdauernde Reichtum der kapitalistischen Industriestaaten in einen Zusammenhang mit den ökologischen und sozialen Problemen der Dritten Welt gestellt werden.

Im Hinblick auf klimawandelbedingte Schäden und Verluste ist dieser Kontext besonders relevant: Eine zentrale Forderung, die immer wieder gestellt wird, ist, dass die Industrienationen Verantwortung übernehmen und die Folgen des Klimawandels in ärmeren Ländern kompensieren sollen. Interessant bei der Untersuchung des Diskurses ist, ob bzw. wie über das Thema Schuld gesprochen wird oder ob

---

Lebensweise in einem Zusammenhang mit der Kolonialisierung und darüber hinaus fortdauernd (vgl. ebd.: 83). Es kann daher auch in Verbindung mit den aufgezeigten Konzepten in Kapitel 3.2 von einer Kolonialiät der imperialen Lebensweise gesprochen werden.

vielleicht stattdessen der schwächere Begriff der ‚Verantwortung' gewählt wird. Genauer ist es dann zu untersuchen, welche Wirkung davon ausgeht, beispielsweise ob die Verantwortung gedacht ist im Sinne einer Wiedergutmachung – das heißt aufgrund der historischen Schuld –, einer mächtigeren und dadurch der Welt verpflichteten Position oder einer mächtigeren und dadurch bestimmungsberechtigten Position – oder ob die Verantwortung sogar als ‚gemeinsame Verantwortung aller' aufgrund der Verschuldung der ‚Menschheit' am Klimawandel verstanden wird. Durch die ‚gemeinsame Verantwortung' für die Umwelt bzw. den Schutz von Ressourcen – von den industrialisierten Staaten als ‚gemeinsames Menschheitserbe' definiert – geht neben dem Abwälzen von Verantwortung[21] aufgrund der historischen Verschuldung möglicherweise auch hervor, dass die Industriestaaten „ihrer Wirtschaft unter allen Umständen den nachhaltigen Zugang zu diesen Ressourcen" (Ziai 2006: 130) sichern wollen.

Nachdem auf die theoretischen Grundlagen der Arbeit eingegangen wurde, wird folgend auf das zweite wichtige Themenfeld dieser Arbeit – nämlich die internationale Klimapolitik und den konkreten Untersuchungsgegenstand eingegangen.

[21] Mit dieser Rechtfertigung lässt sich beispielsweise der Umweltschutz zu einem Teil auch auf die Länder der Dritten Welt abwälzen. Agarwal und Narain, zwei indische Wissenschaftler*innen und Kritiker*innen der westlich bestimmten internationalen Klimapolitik, beschreiben die Dritte Welt als „Auffangbecken für den Dreck des Westens" (Agarwal, Narain 1992: 44), da diese beispielsweise zum Pflanzen von Bäumen, „die das von den westlichen Nationen produzierte Kohlendioxid binden sollen" (ebd.) angehalten werden sowie den westlichen Giftmüll entsorgen sollen (ebd.: 45). Sie nennen diese westlich dominierte Klimapolitik auch *Öko-Kolonialismus* (ebd.: 5).

4. Kontextwissen und Forschungsstand

Im Folgenden werden das notwendige Kontextwissen und der Forschungsstand zum Untersuchungsgegenstand beleuchtet. Dabei werden zunächst die internationale Klimapolitik sowie der Schauplatz der UN dargestellt. Anschließend werden die Modalitäten zum Umgang mit klimawandelbedingten Schäden und Verlusten – aufbauend auf dem Paris-Abkommen – aufgezeigt. Danach wird der Forschungsstand, der eine wichtige Grundlage für die Analyse darstellt, präsentiert.

4.1 Internationale Klimapolitik

Die internationale Klimapolitik[22] spielt sich primär im Rahmen der jährlich stattfindenden Klimakonferenzen ab, die ausgerichtet werden von den Vereinten Nationen (United Nations, UN), welche im Jahr 1945 als neuer Völkerbund gegründet wurden (vgl. Wolf 2010: 13). In der Phase der Dekolonisierung fand ein enormer Anstieg der Mitgliederzahlen aufgrund des Beitritts der ehemaligen Kolonien statt. Die veränderten Mehrheitsverhältnisse beendeten damit die ehemalige Vorherrschaft der USA (vgl. ebd.: 37, 41). Als Fürsprecher der Dritten Welt wurde dann China als ständiges Mitglied der UN eingesetzt. 1964 bildete sich im Vorfeld der ersten Konferenz für Handel und Entwicklung in Genf die Gruppe der 77 (Group of 77, G77), die den Versuch der Dritte-Welt-Länder darstellt, eine wirkungsmächtige Verhandlungsmacht aufzubauen. Die ehemaligen Kolonialstaaten hatten jetzt die Macht, innerhalb der UN gemeinsam zu agieren und Themen zu setzen. Doch diese veränderten Verhältnisse der Vormachtstellung erwirkten auch eine „Entfremdung der Industrieländer von zahlreichen Foren innerhalb des UN-Systems“ (ebd.: 42). Wichtige Entscheidungen wurden nun weg von der UN verlagert und es bildeten sich neue informelle Verhandlungsmuster wie die Gipfeltreffen G7/G8 oder G20 (vgl. ebd.: 42f.). In der Folge stieg der Druck auf die UN und damit sank die Verhandlungsmacht der Dritten Welt. Während wirtschaftliche Entscheidungen also inzwischen kaum noch im Rahmen der UN getroffen

[22] Diese Studie untersucht die internationale Klimapolitik, welche einen zentralen Bereich der internationalen Umweltpolitik darstellt und sich vor allem auf die Ursachen und Folgen des Klimawandels konzentriert. Die Umweltpolitik geht aber über die Klimapolitik hinaus und befasst sich auch mit nicht-klimarelevanten Aspekten von Umweltschutz, wie beispielsweise dem Schutz der Biodiversität, der auf das Biodiversitätsabkommen zurückgeht (Convention on Biological Diversity, CBD).

werden, tat sich seit den siebziger Jahren ein neues Themenfeld der UN auf: die Internationale Umwelt- bzw. Klimapolitik.

Der Umweltgipfel der Vereinten Nationen, der 1992 in Rio stattfand, läutete die Geburtsstunde der internationalen Klimakonferenzen ein. Hier wurde die *Klimarahmenkonvention* (United Nations Framework Convention on Climate Change, UNFCCC) verabschiedet (vgl. Edenhofer, Jakob 2019: 80). Das zentrale Ziel ist dabei die Verhinderung eines gefährlichen Klimawandels:

> „Das Endziel dieses Übereinkommens und aller damit zusammenhängenden Rechtsinstrumente, welche die Konferenz der Vertragsparteien beschließt, ist es, in Übereinstimmung mit den einschlägigen Bestimmungen des Übereinkommens die Stabilisierung der Treibhausgaskonzentrationen in der Atmosphäre auf einem Niveau zu erreichen, auf dem eine gefährliche anthropogene Störung des Klimasystems verhindert wird" (Art. 2, UNFCCC).

Eine Definition dafür, wann eine „gefährliche anthropogene Störung des Klimasystems" (ebd.) erreicht ist, gab es damals noch nicht. Inzwischen gilt in der internationalen Klimapolitik eine Erwärmung der Durchschnittstemperatur um 2°C gegenüber dem vorindustriellen Niveau als diese Grenze (vgl. Edenhofer, Jakob 2019: 82). Die Klimarahmenkonvention wurde von insgesamt 197 Mitgliedern unterzeichnet (vgl. ebd.: 80). Diese halten seither regelmäßig Gipfeltreffen ab – die jährliche Konferenz der Vertragsparteien (Conference of Parties, COP). Die Entscheidungsfindung unter der UNFCCC basiert auf Konsens, und nicht beispielsweise auf einer Mehrheitsentscheidung, in der jedem Staat eine gleichwertige Gewichtung zugeteilt wird (vgl. Calliari et al. 2019: 157). Deshalb spielt die Verhandlungsstärke eine wesentliche Rolle bei der Durchsetzung eigener Interessen. Mächtige Staaten haben zudem die Möglichkeit, ihre Position mit Hilfe von finanziellen Anreizen bzw. ökonomischem Druck durchzusetzen.

> „In contrast with customary international law, the international climate law regime is negotiated by states. More powerful states have naturally a greater say in the negotiations. Diplomatic and financial pressure is often exercised on weaker states" (Simlinger, Mayer 2019: 193).

Besonders wichtig ist die Aufstellung der Delegation bezüglich ihrer Größe sowie ihrer Kapazität, das heißt ihrem Wissen und ihrer Expertise. In diesen beiden Bereichen haben reichere Nationen Vorteile:

> "The size of national budgets influences the number of personnel and experts in the government and the ministries back home that can develop national negotiation positions, as well as the size of the delegations" (Calliari et al. 2019: 166).

Staaten, die nur mit wenigen Delegierten vertreten sind, können oftmals nicht an den informellen Verhandlungen der UNFCCC – „where the most contentious issues are likely to be solved" (ebd.: 167) – teilnehmen und haben weniger Möglichkeiten zu Vernetzung und Absprachen mit Vertreter*innen anderer Staaten. Es kann also insgesamt festgestellt werden, dass im Rahmen der UN-Klimaverhandlungen kein nennenswerter Ausgleich von Machtasymmetrien stattfindet.

Auf der dritten Klimakonferenz (COP 3), die 1997 in Kyoto stattfand, wurde schließlich ein erstes Regelwerk zur konkreten Umsetzung der Vorhaben der Klimarahmenkonvention beschlossen: das *Kyoto-Protokoll*. Es wurde sich auf eine (völkerrechtlich) verbindliche Emissionsreduktion für sogenannte Annex-I-Staaten (Industriestaaten)[23] um insgesamt 5,2% gegenüber den Emissionen von 1990 über einen Zeitraum von vier Jahren geeinigt (vgl. Edenhofer, Jakob 2019: 80). Eines der bekanntesten Instrumente des Kyoto-Protokolls ist der Emissionsrechtehandel zwischen den Ländern, die Emissionsrechte zugewiesen bekamen: „Diese Emissionsrechte können zwischen diesen Annex-I-Ländern gehandelt werden, ihr Preis ergibt sich durch das Zusammenspiel von Angebot und Nachfrage" (ebd.: 80f.). Doch war der Emissionsrechtehandel nicht wirksam: es entstand kein weltweiter Markt mit ausreichendem Preissignal, der Einfluss auf Investitionsentscheidungen hatte. 2011 waren die Kyoto-Vertragsstaaten schließlich nur noch für 13% der weltweiten Treibhausgasemissionen verantwortlich (vgl. ebd.: 80). Dies lag zum einen daran, dass die USA das Protokoll nie ratifiziert hatten, aber auch an den steigenden Emissionen der Dritten Welt, was nicht nur deren wachsender Ökonomie geschuldet war sondern auch an der Auslagerung emissionsreicher Produktion der Industrieländer in

---

23 Die *Annex-I-Staaten* bezeichnen die im Annex-I bzw. der Anlage I der Klimarahmenkonvention aufgelisteten Staaten. Diese umfassen alle OECD-Staaten mit Ausnahme von Südkorea und Mexiko sowie alle osteuropäischen Länder mit Ausnahme der Balkan-Staaten sowie der Europäischen Union (vgl. Anlage I, UNFCCC). *OECD* steht für die Organisation für wirtschaftliche Zusammenarbeit und Entwicklung (Organisation for Economic Cooperation and Development) und wurde 1961 gegründet. Aktuell hat sie 36 – vor allem wirtschaftlich starke – Mitgliedsstaaten. Ihr Ziel ist es, ökonomischen Wohlstand zu fördern (vgl. OECD 2018).

Nicht-Kyoto-Vertragsländern lag: So liegen in den Nicht-OECD-Staaten die produktionsbasierten Emissionen über den konsumbasierten Emissionen, während dies in den OECD-Staaten umgekehrt ist (vgl. Edenhofer, Jakob 2019: 26 sowie IPCC 2014). Der tatsächliche ökologische Fußabdruck ist bei den OECD-Staaten also größer als die ausgestoßenen Emissionen auf dem jeweiligen Territorium, welche die Grundlage für die internationale Klimapolitik bilden. Durch Kyoto wurde kein globales Absenken der Emissionen bewirkt (vgl. Edenhofer, Jakob 2019: 81). Seit 2005 wurde das jährliche Treffen der Vertragsstaaten (COP) um das Treffen der Vertragsstaaten des Kyoto-Protokolls (Conference of the Parties serving as the meeting of the Parties to the Kyoto Protocol, CMP) ergänzt. Doch konnte nach der Kyoto-Periode kein Nachfolgeabkommen ausgehandelt werden, weshalb eine Reduktion in den folgenden Perioden nur auf freiwilliger Selbstverpflichtung einer ‚Koalition der Willigen' basierte. Erst 2015 wurde auf der COP 21 in Paris schließlich ein neues Abkommen geschlossen: Das *Übereinkommen von Paris* bzw. Paris-Abkommen (Paris Agreement, PA). Dieses Abkommen besteht aus zwei Teilen: Der sogenannten „Draft decision" („Adoption of the Paris Agreement", 1/CP.21) der COP 21 – ein unter der Klimarahmenkonvention angesiedelter Beschluss – und dem eigentlichen Paris-Abkommen, welches von den einzelnen Vertragsstaaten ratifiziert werden muss und daher für diese völkerrechtlich bindend ist (vgl. Mihatsch, Reimer 2015). Das PA ist kein Nachfolgeabkommen des Kyoto-Protokolls, sondern ein neues Übereinkommen, das alle Länder einbezieht: „Die Vermeidung gefährlichen Klimawandels ist nun gemeinsame Aufgabe aller Staaten" (Edenhofer, Jakob 2019: 82). Es baut auf drei Säulen auf: Die erste ist das Langfristziel, den Anstieg der globalen Durchschnittstemperatur unter 2°C zu halten und sich in den Anstrengungen am noch ambitionierteren 1,5°C-Ziel zu orientieren (vgl. Art. 2, Abs. 1, PA). Zweitens werden alle Staaten dazu angehalten, nationale klimapolitische Pläne (Nationally Determined Contributions, NDCs) zu erstellen, in deren Rahmen sie sich freiwillig selbst zur Reduktion verpflichten. Die Ziele sollen in regelmäßigen Abständen neu gesetzt werden und müssen jedes Mal ambitionierter werden. Die Verpflichtung zur Umsetzung der NDCs gilt dabei jedoch nur für die Industriestaaten. Kritiker*innen bemängeln an der freiwilligen Reduktionsverpflichtung, dass die aktuellen NDCs nicht ausreichen, um das 2°C-Ziel zu erreichen: „Allein die im Jahr 2015 weltweit vorhandenen geplanten Kohlekraftwerke würden bis zum Ende ihrer Lebensdauer bereits etwa die Hälfte des 2°C-Budgets verbrauchen"

(Edenhofer, Jakob 2019: 85). Auch konnten keine Regelungen zu Sanktionen bei Nicht-Einhaltung der Ziele durchgesetzt werden. Die dritte Säule bilden multilaterale klimapolitische Instrumente zum globalen Lastenausgleich (vgl. ebd.: 83): Dazu gehören beispielsweise die Klimafinanzierung von jährlich mindestens 100 Mrd. US-Dollar (vgl. §53, 1/CP.21) und flexible Mechanismen wie ein internationaler Emissionshandel (vgl. Art. 6, Abs. 2, PA). Die genaue Ausgestaltung ist bei diesen Instrumenten aber noch zu einem großen Teil offen. Für den Klimafonds (Green Climate Fund, GCF) wurden nur 10 Mrd. US-Dollar zugesagt. Außerdem besteht die Gefahr, dass Industriestaaten ihren Beitrag zur Klimafinanzierung höher erscheinen lassen, als dieser tatsächlich ist:

> „Bereits bestehende Verpflichtungen aus der Entwicklungshilfe können umetikettiert oder private Investitionen, die ohnehin getätigt werden würden, als internationale Klimafinanzierung angerechnet werden" (Edenhofer, Jakob 2019: 83f.).

Seit 2018 ist das Treffen der Vertragsstaaten (COP) neben dem CMP noch um das Treffen der Vertragsstaaten des Übereinkommens von Paris (CMA) ergänzt worden. Seither werden auf den Klimakonferenzen genaue Modalitäten zur Umsetzung des Paris-Abkommens besprochen. Das Übereinkommen trat 2016 in Kraft, nachdem es „von 55 Staaten, die mindestens 55 Prozent der globalen Treibhausgase emittieren" (BMWi 2019) unterzeichnet wurde. Die Umsetzung beginnt ab 2020. Im Dezember 2019 fand schließlich die fünfundzwanzigste Klimakonferenz (COP 25, CMP 15, CMA 2) statt, die an die Klimarahmenkonvention anschließt.

4.2 Schäden und Verluste

Die zentralen Handlungsfelder, die im Paris-Abkommen vorgestellt werden, sind der Klimaschutz (Mitigation), die Anpassung (Adaption) an den Klimawandel und der Umgang mit Schäden und Verlusten. Der Artikel 8 des Abkommens umfasst dabei entsprechende Regelungen zu diesem Problembereich ‚Loss and Damage' (L&D). Die Verankerung von Schäden und Verlusten als ganzer Artikel im Paris-Abkommen stellt einen Meilenstein in der Debatte im Rahmen der Klimarahmenkonvention dar und kommt einer zentralen Forderung der am meisten verwundbaren Staaten nach (vgl. Bals et al. 2016: 28).[24] Konkrete Anweisungen für die Umsetzung werden nicht vorgestellt, nur dass die Vertragsstaaten in „kooperativer und vermittelnder Weise“ (Art. 8, Abs. 3, PA) agieren sollen. Außerdem werden Vorschläge für die Praxis gemacht. Im Fokus steht das Management von Großrisiken – beispielsweise durch Frühwarnsysteme und Versicherungen (vgl. Art. 8, Abs. 4, PA). Deutlich wird hier ein Bezug sowohl auf ökonomische und nichtökonomische Schäden und Verluste. Finanzielle Regelungen oder Verbindlichkeiten können zunächst nicht identifiziert werden. Institutionell verankert wird das Handlungsfeld mit dem ‚Internationalen Mechanismus von Warschau für Schäden und Verluste‘ (Warsaw International Mechanism for Loss and Damage associated with Climate Change Impacts, WIM). Dieser sogenannte Warschau-Mechanismus hat seinen Namen von der Klimakonferenz, die 2013 in Warschau stattfand und den WIM sowie sein Executive Committee (ExCom) initiierte, um sich mit dem Thema Schäden und Verluste zu beschäftigen (vgl. 2/CP.19). Vorläufig nur bis 2016 angelegt, wurde er im Paris-Abkommen schließlich langfristig aufgenommen. Der WIM soll ein Anlaufpunkt für Risikotransfer sein und Maßnahmen hierfür und Versicherungen entwickeln. Außerdem soll er Empfehlungen für Ansätze zum Thema Klimaflucht ausarbeiten (vgl. §48-49, 1/CP.21).

Zur Verankerung des Themas im Paris-Abkommen drängten vor allem die AOSIS, die SIDS (Small Island Developing States) und die LDCs (Least Developed Countries). Auch die starke Unterstützung der französischen COP-Präsidentschaft sowie der Zivilgesellschaft, die nicht zuletzt auf das wachsende Bewusstsein für die teils verheerenden Auswirkungen des Klimawandels, die vulnerable Bevölkerungen in besonderem Ausmaß treffen, zurückzuführen ist (vgl. Hirsch et al. 2016: 19). Gegenpositionen nahmen vor allem die Industrienationen und darunter insbesondere die USA ein, denn es bestand die Befürchtung, dass

[24] Bereits zu Beginn der 1990er Jahre schlug die AOSIS eine Kompensation und Versicherung für Verluste wegen steigendem Meeresspiegel vor (vgl. Mechler et al. 2019: 4f.). Die Forderungen blieben zunächst ohne Erfolg. Nachdem die Debatte immer wieder aufgegriffen wurde und von immer mehr Staaten und Staatengruppen der Dritten Welt gefordert wurde, konnte das Thema im Rahmen der UNFCCC als Verhandlungsstrang etabliert werden und schließlich 2013 durch den WIM und sein ExCom (s.o.) institutionalisiert werden und 2015 auch in das Paris-Abkommen aufgenommen werden (vgl. ebd. sowie Calliari et al. 2019: 158-161).

diese schließlich zur Rechenschaft gezogen würden[25] (vgl. Schumacher 2016: 13f.). Auch wurde lange debattiert, wo das Konzept verortet werden soll:

> „Während Länder des Südens sich vor allem auf die rechtliche Ebene konzentrierten und argumentierten, dies sei ein neuer Aspekt, der neben den beiden Strängen Mitigation und Adaption gesondert betrachtet werden müsse, hielten andere Staatengruppen dagegen, die angesprochenen Punkte seien Teil der Diskussion um Anpassung und bedürften keiner gesonderten Erwähnung" (ebd.: 13).

Hier konnten sich die Industrieländer jedoch nicht durchsetzen: Das Thema erhielt im Paris-Abkommen einen eigenen Artikel und im UNFCCC-Beschluss eine ganze Textpassage mit fünf Paragraphen. Dennoch konnten sich die Industrieländer insofern behaupten, als festgelegt wurde, dass kein Entschädigungsanspruch besteht. Dieser Paragraph, „Agrees that Article 8 of the Agreement does not involve or provide a basis for any liability or compensation" (§51, 1/CP.21), schwächt den Artikel 8, PA enorm ab, da betroffene Länder weder mit finanzieller Kompensation noch sonstiger Unterstützung rechnen können.

Auch nach der Klimakonferenz in Paris wurde das Thema immer wieder aufgegriffen. Bei der COP 23 forderten insbesondere die AOSIS-Staaten, Schäden und Verluste permanent auf der Agenda zu etablieren und damit regelmäßig zu besprechen (vgl. Bals et al. 2017: 19). Durchsetzen konnten sie sich nicht, doch wurde ein 2018 einmalig stattfindender Expert*innenaustausch, der „Suva expert dialogue" (§9, 5/CP.23) einberufen. Zu den Forderungen nach zusätzlichen Finanzmitteln konnte keine Einigung erzielt werden (vgl. Bals et al. 2017: 19). Ein Jahr später wurde mit der Aufnahme von Schäden und Verlusten in die regelmäßige globale Bestandsaufnahme (Global Stocktake, GST) im Rahmen des Paris-Abkommens ein kleiner Fortschritt für die Verankerung der Thematik erzielt (vgl. §36e, 19/CMA.1). Auf der Klimakonferenz im Dezember 2019 wurden Schäden und Verluste schließlich auch unter die Finanzarchitektur der Klimarahmenkonvention verankert (vgl. 12/CP.25). Doch die Formulierung wird nicht konkret:

---

[25] Es handelt sich nach Schätzungen um Kosten zwischen 100 und 400 Milliarden US-Dollar, die jährlich bis zum Jahr 2030 auf Klimafolgeschäden und -verluste zurückzuführen sind (vgl. Schumacher 2016: 14).

„Durch die vage Formulierung in Bezug auf künftige Finanzierung von Loss & Damage kann sogar leicht der Eindruck entstehen, die Industrieländer wälzten ihre Verantwortung zur finanziellen Unterstützung auf den Privatsektor und Nichtregierungsorganisationen ab“ (Bals et al. 2019).

Damit bleibt der Artikel 8 gleichermaßen wie das Paris-Abkommen insgesamt rechtlich wenig verbindlich. Es wurden weder konkrete Maßnahmen noch geltende Summen festgelegt. Darüber hinaus sind keinerlei Ansprüche gegen die Industriestaaten zu stellen. Es wird keine ‚Hauptverantwortung‘ der Industriestaaten oder eine Verpflichtung zur Kompensation erwähnt, wie dies von den meisten Dritte-Welt-Staaten und -Staatengruppen gefordert wurde (vgl. Simlinger, Mayer 2019: 193f.). Stattdessen ist in der UNFCCC das Prinzip der „gemeinsamen, aber unterschiedlichen Verantwortlichkeiten“ (Art. 3, Abs. 1, UNFCCC) verankert. Doch bleibt das Prinzip aufgrund einer fehlenden Definition offen: Es kann zwar im Sinne der Kompensationsforderungen verstanden werden, wird aber zum Teil auch mit der Zuweisung einer ‚Führungsrolle‘ der Industriestaaten im Rahmen der Klimaverhandlungen interpretiert (vgl. Simlinger, Mayer 2019: 194). Auch für die gewünschte Kooperation gibt es keine Anweisungen. Trotz der zentralen Verankerung im Paris-Abkommen und der institutionellen Anbindung durch den Warschau-Mechanismus, „ist das Abkommen höchstens als Wegbereiter für die weiteren Verhandlungen zu verstehen“ (Ekardt, Wieding 2016: 52). Die Grenzen der Handlungsbereitschaft wurden von den Industrieländern aber sehr deutlich aufgezeigt.

Teilweise wurden bereits am Artikel 8 ansetzende Maßnahmen in Gang gesetzt. Das prominenteste Beispiel ist das Programm ‚InsuResilience‘.[26] Diese Initiative zur Versicherung von Klimarisiken wurde von Deutschland 2015 auf dem G7-Gipfel, dem jährlich stattfindenden Treffen der sieben größten Wirtschaftsstaaten, vorgestellt. Deutschland

[26] Hier wird nur das Versicherungsmodell ‚InsuResilience‘ vorgestellt, da dieses besonders prominent ist. Es gibt aber auch andere Versicherungsmodelle. Linnerooth-Bayer, Surminski, Bouwer, Noy und Mechler (2019) beschäftigen sich mit verschiedenen Ansätzen für Klimarisikoversicherungen in Bezug auf L&D. Auch sie kritisieren marktbasierte Versicherungsmodelle als ungerecht und dem Handlungsfeld nicht angemessen (vgl. Linnerooth-Bayer et al. 2019: 499f.). Dennoch halten sie Versicherungslösungen als eine Option, den Betroffenen direkt Hilfe zukommen zu lassen, wenn diese mit einer Umverteilung bzw. Rückerstattung verbunden sind, sodass die Versicherten nicht selbst die (gesamten) Kosten aufbringen müssen (vgl. ebd.). Dies ist bei ‚InsuResilience‘ jedoch nicht der Fall: nach aktueller Konzeption sollen sich die Individuen hier selbst versichern.

war es auch, das sich stark für die Verankerung von Versicherungslösungen als Ansatz zur Begegnung der klimawandelbedingten Schäden und Verluste unter Artikel 8 einsetzte (vgl. Schumacher 2016: 17). Bei der Klimakonferenz in Paris sagten die G7-Länder dann bereits 420 Millionen US-Dollar für die Entwicklung einer solchen Klimaversicherung zu (vgl. Bals et al. 2016: 26). Dies weckte das Interesse von Versicherungskonzernen; auch die Bundesregierung hat bei ihrer InsuResilience-Initiative Versicherungen als Partner. Der gesamte Ansatz ist daher kritisch zu betrachten, da damit auch die Schaffung neuer Märkte für die Versicherungsindustrie verbunden ist. Außerdem tragen die Industrieländer dabei keinerlei Kosten bis auf die Entwicklung der Versicherungssysteme: „Die Kosten für die klimabedingten Schäden sollen die Betroffenen dann künftig selbst zahlen – über ihre Versicherungsbeiträge“ (vgl. Schumacher 2016: 18). Da die Versicherungen gewinnorientiert handeln, wird in den betroffenen Gebieten letztlich insgesamt sogar mehr eingezahlt werden, als die Kompensation kosten würde. Im Hinblick darauf, dass die betroffenen Länder in der Regel am wenigsten am Klimawandel schuld sind, lässt sich hier eine grundsätzliche Frage der Gerechtigkeit stellen:

> „Schließlich muss man fragen, warum die Betroffenen selbst die Beiträge bezahlen sollen – wäre es nicht naheliegend, dies von den Industrieländern zu verlangen, die schließlich für den Klimawandel und die damit verbundenen Schäden verantwortlich sind?“ (Schumacher 2016: 19)

Darüber hinaus ist anzumerken, dass durch die Initiative neue Abhängigkeiten der Betroffenen von westlichen Konzernen geschaffen werden. Zumal müssen es sich die Betroffenen auch leisten können, eine Versicherung abzuschließen. Insbesondere die arme Bevölkerung profitiert davon also am wenigsten. Eine weitere Frage, die man sich stellen muss, ist, ob die Klimarisikoversicherungen vielleicht ein Instrument darstellen, das ablenken soll von der mit der ökologischen Schuld der Industrienationen verbundenen Forderungen nach Kompensation. Eine Versicherung verlagert die Verantwortung stattdessen auf das Individuum.

4.3 Forschungsstand

Forschungen, die inhaltlich sehr eng an der Fragestellung dieser Arbeit liegen, konnten nicht ausfindig gemacht werden. Dies liegt möglicherweise daran, dass Schäden und Verluste ein spezielles und eher neueres Themenfeld der internationalen Klimapolitik ausmachen. Dazu ist die Klimapolitik auch in den postkolonialen Theorien (noch) kein zentraler Gegenstand. Dennoch gibt es Studien, die das Themenfeld aus einer für mich relevanten Perspektive untersuchen. Dazu gehören allen voran Calliari et al. (2019), die die Verhandlungen zu L&D im Vorfeld des Paris-Abkommens analysieren. Außerdem untersuchen Bauriedl (2016) sowie Dietz und Engels (2015) die internationale Klima- bzw. Umweltpolitik im Allgemeinen. Erstere betrachtet diese aus dem Blickwinkel der Politischen Ökologie, während letztere dem Postkolonialismus zuzuordnen sind.

Elisa Calliari, Swenja Surminski und Jaroslav Mysiak, welche aus den Bereichen der Klimawandelforschung und der Internationalen Beziehungen stammen, untersuchen in ihrer Studie „The Politics of (and Behind) the UNFCCC's Loss and Damage Mechanism" (2019) den Prozess, wie sich das Themenfeld der Schäden und Verluste im Vorfeld des Paris-Abkommens etabliert. Sie legen dabei ein Augenmerk auf die Rollen von sogenannten ‚Entwicklungsländern' und Industrieländern. Ausgehend von der geringen Verhandlungsmacht der Länder der Dritten Welt fragen sie, wie diese dennoch das Themenfeld durchsetzen konnten. Untersucht werden die Klimaverhandlungen seit 1991. Bei den Ländern der Dritten Welt spielen den Autor*innen zufolge die Staatengruppen eine große Rolle: Insbesondere die AOSIS insistieren seit Beginn auf einen Mechanismus für klimawandelbedingte Schäden und Verluste (vgl. Calliari et al. 2019: 161). Aber auch die G77 mit China, die LDCs und die African Group (AGN) setzen sich immer wieder – und besonders bei den Verhandlungen in Paris – dafür ein (vgl. ebd.). Die allgemeine Verhandlungsposition der Staaten der Dritten Welt zum Thema Schäden und Verluste umfasst die Forderungen nach einer Trennung der Klimaanpassung von L&D, regelmäßigen Verhandlungen speziell zu diesem Thema im Rahmen der UN-Klimakonferenzen, Verantwortung der Industriestaaten für klimawandelbedingte Schäden und Verluste sowie deren Kompensation (vgl. ebd.). Die Autor*innen nennen aber auch Unterschiede in den Verständnissen von L&D zwischen den Staaten(-gruppen). Während die AOSIS die lebensbedrohende Dimension hervorheben, verbinden die LDCs L&D mit ‚Entwicklung' und Lebensqualität und verweisen auf gesellschaftliche Auswirkungen. Die G77 und China hingegen stehen zwar deutlich hinter der Verankerung von Schäden und Verlusten im PA wie auch unter der UNFCCC, nehmen aber aufgrund der Heterogenität der Gruppe keine konkrete konsistente Haltung ein (vgl. ebd.: 168). Bei der Argumentation werden insbesondere von den AOSIS oft die ökonomischen Vorteile für die Industrieländer hervorgehoben:

> „In the L&D case, developed countries would be incentivised to support their vulnerable developing counterparts so as to guarantee their viability as commercial partners or to safe-guard their delocalised supply-chains" (ebd.: 169).

Dazu wird das Thema ethisch und rechtlich gerahmt: „They have pointed to the unfairness of climate change (…) and to the threats for survival it poses for the most exposed societies" (ebd.: 170). Ethisch wird bei der Argumentation auf die Konzepte Fairness, internationale Solidarität, Gerechtigkeit im Allgemeinen sowie speziell die intergenerationale Gerechtigkeit zurückgegriffen. Rechtlich werden Reparationen und Kompensationen von Schäden und Verlusten als Wiedergutmachungen gefordert. Dies steht außerdem oft in Verbindung zu der Nennung des Verursacherprinzips[27] (*polluter pays principle*) sowie der in der UNFCCC verankerten gemeinsamen, aber unterschiedlichen Verantwortlichkeiten und Fähigkeiten (vgl. ebd.: 170f.). Bei der Untersuchung der Rolle der Industriestaaten fällt den Forschenden eine durchgehend ablehnende Haltung auf: „Developed countries have generally been critical and provided the opposite stance to developing countries on negotiations around L&D" (ebd.: 161). Beispielsweise wollten die Industriestaaten nicht, dass L&D gesondert von der Klimaanpassung gehandhabt wird. Es wurde verhindert, dass die Regelungen über das Paris-Abkommen hinaus auch im Rahmen der UNFCCC gültig sind (ebd.: 162). Unter den Industrieländern tritt im Gegensatz zu den Dritte-Welt-Ländern keine Staatengruppe besonders hervor. Insbesondere die USA zeigen sich hier jedoch immer wieder als besonders bremsend, beispielsweise mit der Durchsetzung des §51, 1/CP.21, der jegliche Verbindlichkeit sowie Kompensationsansprüche ausschließt (vgl. ebd.: 169f.). Bei ihrer Argumentation versuchen die

[27] Das Verursacherprinzip ist ein zentraler Grundsatz des Umweltrechts. Es besagt, dass der*diejenige, der*die verantwortlich für Schäden ist bzw. ‚Maßnahmen verursacht', auch die entsprechenden Kosten tragen muss (Art. 2, USG).

Industriestaaten darüber hinaus, Entschädigungsansprüche zu neutralisieren und eine Bezugnahme auf solche zu vermeiden. Sie lenken die Aufmerksamkeit auf nichtökonomische Schäden und Verluste, da solche nicht mit finanziellen Kompensationsansprüchen verbunden sind. Auch sie rahmen den Diskurs ethisch, indem sie auf die Unangemessenheit der ‚Monetarisierung' des Lebens, des Lebensunterhaltes und des Vermögens der vulnerabelsten Gemeinschaften hinweisen (vgl. ebd.: 171). Darüber hinaus betrachten die Autor*innen, wie sich NGOs und der Private Sektor einbringen. Diese sind für diese Arbeit weniger relevant, doch es sei kurz festgehalten, dass viele NGOs den Prozess unterstützen und mit Narrativen wie der Forderung nach Klimagerechtigkeit vorantreiben (vgl. ebd.: 162). Aus dem Privaten Sektor ist vor allem die Versicherungsindustrie an den Diskussionen beteiligt (vgl. ebd.: 164). Bei einem Blick auf die Ergebnisse der Verhandlungen fällt auf, dass es trotz der Verankerung im PA keine offizielle Definition von Schäden und Verlusten im Rahmen der UNFCCC gibt und Kompensationen in Artikel 8 nicht erwähnt werden. Dies schließen die Autor*innen auf die Vermeidung einer verbindlichen Regelung, die mit einer Definition von L&D einhergehen könnte, zurück: „This is not just a matter of form, but a more important matter of substance" (ebd.: 173).

Sybille Bauriedl betrachtet die Umweltpolitik im Allgemeinen aus dem Blickwinkel der Politischen Ökologie. Ausgehend von diskursanalytischen und akteurszentrierten Untersuchungen zur internationalen Klimapolitik beobachtet sie dort seit den 1990er Jahren eine starke Verankerung des Wachstums- und Wohlstandsversprechens, demzufolge die Natur als wiederherstellbar und daher als gleichwertig mit Sachkapital verstanden wird (vgl. Bauriedl 2016: 346). Der Klimawandel erscheint „als globaler Unfall eines industriekapitalistischen Experiments, das mit Technologien repariert werden kann" (ebd.). Die Bewältigung dieses ‚Unfalls' wird jedoch nur innerhalb der Grenzen einer kapitalistischen Wirtschaftsweise erachtet, weshalb beispielsweise Konzepte wie die ‚nachhaltige Entwicklung' oder auch die Grüne Ökonomie als Zukunftsmodelle hervorgehoben werden. Demzufolge wird insbesondere mit marktorientierten Instrumenten sowie mit Technologieentwicklung und -transfer auf den Klimawandel reagiert (vgl. ebd.). Bauriedl verweist dazu auch auf die Rolle der (Natur-)Wissenschaft, die sich in UN-Institutionen und Verhandlungen beteiligen und dabei marktbasierte Lösungen stützen:

„[E]s gäbe keine Vision einer Grünen Ökonomie ohne die Behauptung von ÖkologInnen und ÖkonomInnen, dass eine langfristige Entkopplung von Wirtschaftswachstum und Umweltverbrauch möglich sei“ (ebd.).[28]

Kristina Dietz und Bettina Engels führen eine „Genealogie des Verhältnisses von Umwelt und Entwicklung in der Entwicklungspolitik und -forschung“ (Dietz, Engels 2015: 3) durch und können dem erweiterten Forschungsstand zugeordnet werden. An ihrer Untersuchung sind die postkoloniale Perspektive sowie ihre Betrachtung der internationalen Umweltpolitik ab 1992 von Relevanz. Die Autorinnen beobachten hier eine Wahrnehmung des Klimawandels als „apokalyptische und unkalkulierbare Bedrohung“ (ebd.: 6) und nicht beispielsweise als Konsequenz der Art des Wirtschaftssystems. Zwar wird teilweise die Schuld der Ersten Welt eingestanden, Marktwirtschaft, Wachstum und Konsum werden jedoch nicht hinterfragt. Dietz und Engels sehen ähnlich wie Bauriedl eine stark wirtschaftliche Herangehensweise an Nachhaltigkeit: „Im Vordergrund steht nunmehr die Versöhnung von Ökologie und Ökonomie“ (ebd.: 5). Gesetzt wird auf Effizienzsteigerung und die ökologische Modernisierung der Wirtschaft hin zu ‚nachhaltiger Entwicklung‘ bzw. seit den 2000er Jahren auch der ‚Grünen Ökonomie‘. Im Gegenzug zur Stärkung ökonomischer Aspekte werden soziale Fragen dieser ‚nachhaltigen Entwicklung‘ zurückgedrängt (vgl. ebd.: 6f.). Die zentrale Steuerungsinstanz stellt der Markt: „Umweltprobleme wurden zu einer Frage des ‚richtigen‘ Preises von Umweltnutzung und zu einer Chance für Innovation und Erneuerung“ (ebd.: 6).

Die aufgezeigten Thesen bilden eine erste Grundlage für die Analyse in dieser Forschung. Während die Studien von Bauriedl, Dietz und Engels vor allem für die allgemeine Untersuchung des Diskurses hilfreich sind, können die Erkenntnisse von Calliari, Surminski und Mysiak vor allem die Betrachtung unterschiedlicher Diskurspositionen stützen. Aufbauend auf dieser Studie entscheide ich mich im Zusammenspiel mit dem Datenmaterial dafür, einen besonderen Blick unter anderem auf die Rolle der AOSIS zu legen. Bei den Industriestaaten wähle ich hingegen keine Staatengruppe, sondern betrachte die Annex-II-

---

28 Dass eine solche Entkopplung nicht funktioniert haben bereits zahlreiche Studien belegt (vgl. u.a. Meadows et al. 1972, Santarius 2013 sowie Weizsäcker et al. 2017). Meine Verortung in diesem Diskurs zu Wirtschaftswachstum und Umweltzerstörung kann außerdem in dem Aufsatz „Wirtschaftswachstum und Nachhaltigkeit im Diskurs über die Digitalisierung im Bildungssystem“ (Rahman 2020) nachvollzogen werden.

Staaten[29] in ihrer Gesamtheit, da sich die These bestätigt, dass sich die Industriestaaten hier in keiner UN-Staatengruppe speziell zum Thema L&D engagieren. Bevor die Analyseergebnisse aufgezeigt werden, wird jedoch noch auf meine eigene epistemologische und ethische Positionierung sowie auf die methodische Herangehensweise eingegangen.

[29] Neben den Annex-I-Staaten (vgl. Fußnote 23) definiert die Klimarahmenkonvention auch die Staatengruppe der Annex-II-Staaten, die in der Anlage II der UNFCCC aufgelistet sind und die die OECD-Staaten des Jahres 1990 sowie die Europäische Union umfassen (die alle auch Teil der Annex-I-Staaten sind). Die Annex-II-Staaten sollen laut der Klimarahmenkonvention nicht nur Emissionen einsparen, wie dies bei den Annex-I-Staaten der Fall ist (vgl. Art. 4, Abs. 2, UNFCCC), sondern darüber hinaus finanzielle Mittel bereitstellen „um die vereinbarten vollen Kosten zu tragen, die den Vertragsparteien, die Entwicklungsländer sind, bei der Erfüllung ihrer Verpflichtungen (...) entstehen" (Art. 4, Abs. 3, UNFCCC). Für mich sind die Annex-II-Staaten von besonderem Interesse, da sie aufgrund ihrer Verpflichtung zur finanziellen Unterstützung der Dritte-Welt-Staaten besonders von den Kompensationsforderungen für Schäden und Verluste angesprochen sind. Die Industrieländer handeln jedoch nicht als gemeinsame Staatengruppe der Annex-I oder Annex-II-Staaten. Es gilt hier, einheitliche Tendenzen aufzuspüren.

5. Epistemologische und ethische Positionierung

Im Rahmen dieser Forschung halte ich es für sinnvoll, meine erkenntnistheoretischen Prämissen sowie meinen eigenen ethischen Standpunkt im Diskurs offenzulegen. *Was tue ich hier eigentlich? Was will ich mit dieser Forschung erreichen? Und welche ethischen Prinzipien liegen meiner Haltung mit Blick auf den untersuchten Diskurs zugrunde?* All diese Fragen sollen im Folgenden erörtert werden.

5.1 Erkenntnistheorie[30]

Der nächste Schritt widmet sich den wissenschaftstheoretischen Grundlagen dieser Forschung. Dabei soll der erkenntnistheoretische Hintergrund meiner eigenen Forschungsweise aufgezeigt werden.

Meine Sichtweise auf Welt und Gesellschaft ist geprägt durch den *Sozialkonstruktivismus* nach Peter L. Berger und Thomas Luckmann (2013 [1966]), dessen zentrale These besagt, dass Individuum und Gesellschaft aufeinander einwirken sowie sich gegenseitig definieren und konstruieren:

> „Der Mensch ist biologisch bestimmt, eine Welt zu konstruieren und mit anderen zu bewohnen. Diese Welt wird ihm zur dominierenden und definitiven Wirklichkeit. Ihre Grenzen sind von der Natur gesetzt. Hat er sie jedoch erst einmal konstruiert, so wirkt sie zurück auf die Natur. In der Dialektik zwischen Natur und gesellschaftlich konstruierter Welt wird noch der menschliche Organismus umgemodelt. In dieser Dialektik produziert der Mensch Wirklichkeit – und sich selbst" (Berger, Luckmann 2013: 195).

Wirklichkeit beschreiben Berger und Luckmann als „Qualität von Phänomenen" (ebd.: 1), welche unabhängig von ihrer Erwünschtheit existieren. Weiter wird *Wissen* als die Gewissheit, dass wahrgenommene Erscheinungen real und deren Eigenschaften bestimmbar seien, definiert. Gleichzeitig wird aber dennoch auf die gesellschaftliche Relativität von Wissen und Wirklichkeit verwiesen.[31] Diese Auffassung der

---

30 Eine kürzere Version meiner erkenntnistheoretischen Positionierung findet sich auch in einem anderen von mir veröffentlichten Beitrag (vgl. Rahman 2020). Da sich meine epistemologischen Prämissen nicht geändert haben, gibt es hier einige Überschneidungen.

31 Dass Wissen und Wirklichkeit relativ sind widerspricht meines Erachtens nicht der vorangegangenen Definition von Wissen als Gewissheit, dass etwas real ist.

sozialen Konstruktion von Wirklichkeit und die damit einhergehende Relativität von Wissen und Wirklichkeit überschneidet sich mit dem Diskurskonzept von Michel Foucault (vgl. Kapitel 6.1). Einen *Diskurs* bezeichnet er als einhergehend mit sich kontinuierlich verändernden Sinn- und Identitätsverständnissen. Diese sogenannte diskursive Konstruktion von Wirklichkeit bildet einen wichtigen Teilaspekt dessen, was Berger und Luckmann als gesellschaftliche Konstruktion der Wirklichkeit verstehen (vgl. Keller, Truschkat 2013: 27). Mit dieser Auffassung wird eine mögliche Existenz von Objektivität bestritten, da Wissen und Wirklichkeit abhängig sind von uns und unserem eigenen – wiederum gesellschaftlich geprägten – Erkenntnisvermögen (vgl. Ernst 2011: 53f.). Die *Wissenssoziologie*[32] untersucht dabei die empirische Vielfalt von Wissen sowie auch, aufgrund welcher Vorgänge ein bestimmter Wissensvorrat gesellschaftlich etablierte Wirklichkeit werden konnte (vgl. Berger, Luckmann 2013: 3). Es gilt demnach, die Zusammenhänge von Denkweisen und historischen Konstellationen möglichst genau zu untersuchen. Mit dem Rückgriff auf die Wissenssoziologische Diskursanalyse (vgl. Kap. 6.1) sowie der Verwendung des Konzepts der epistemischen Gewalt (vgl. Kap. 3.3) lege auch ich einen besonderen Fokus auf die Wissensverhältnisse, die im untersuchten Diskurs vorhanden sind.

Diese Aussagen stimmen mit meinem eigenen Verständnis überein. Auch ich vertrete die Meinung, dass es kein Wissen und damit auch keine Wissenschaft jenseits subjektivierter bzw. gesellschaftlicher Beeinflussung geben kann. Dabei nenne ich bewusst sowohl die subjektivierte wie auch die gesellschaftliche Beeinflussung nebeneinander, da sich beide nach sozialkonstruktivistischer Auffassung nicht klar trennen lassen und das eine nicht ohne das andere existiert: Diese subjektivierte Beeinflussung geht dabei nicht zwingend allein von einem einzelnen *Subjekt* aus. Aufgrund gegenseitigem Ein- und Rückwirken zwischen Mensch und Gesellschaft ist jede*r Einzelne durch die Gesellschaft, welche wiederum lediglich das Produkt der Individuen darstellt, beeinflusst. Was gesellschaftlich als Wissen oder Wahrheit gilt, ist damit das, was intersubjektiv – also für die einzelnen Subjekte

---

Dass eine solche Gewissheit relativ ist, bedeutet dabei nur, dass sie abhängig von dem ist, was als real *aufgefasst* wird.

32 Der Ausdruck ‚Wissenssoziologie' wurde von Max Scheler geprägt und von Berger und Luckmann aufgegriffen (vgl. Berger, Luckmann 2013: 3). In ihrer erkenntnistheoretischen Tradition befindet sich auch die in Kapitel 6.1 behandelte Wissenssoziologische Diskursanalyse.

gleichermaßen nachvollziehbar – als Wissen oder Wahrheit gilt. Folglich kann auch keine vollkommene objektive Wahrheit existieren. Selbst die Naturwissenschaften, die sich oftmals als objektive Wissenschaften bezeichnen, unterstehen Maßzahlen und Definitionen, die menschlich konstruiert wurden und nur im Rahmen eines Systems gelten. Forschungsergebnisse können daher nur innerhalb eines bestimmten Definitionssystems als wahr gelten. Eine vollständig objektive Forschung ist demnach meines Erachtens nicht möglich, da kein*e Wissenschaftler*in aufgrund seines*ihres Menschseins an sich außerhalb eines solchen Systems steht. Auch ich kann in dieser Studie nur Wahrheiten generieren, die im Rahmen meines eigenen subjektiv und gesellschaftlich geprägten ‚Systems' objektiv erscheinen. Diesen Rahmen versuche ich möglichst weit zu halten. Dies geschieht zum einen durch eine möglichst breite Informationsbasis und zum anderen durch das Bestreben, den Forschungsprozess sowie das Ergebnis möglichst intersubjektiv nachvollziehbar zu gestalten und intervenierende erkenntnistheoretische sowie ethische Konzepte, auf die ich mich beziehe, offenzulegen.

Auch Gerhard Schurz (2013) beschreibt die Unmöglichkeit der Wertfreiheit in den Wissenschaften, welche bereits aufgrund der Existenz von wissenschaftsinternen Werten nicht realisierbar sei, obwohl er Werturteile als „legitime Bestandteile einer Wissenschaft" (Schurz 2013: 305) letztlich ablehnt. Er schlägt daher die Einschränkung vor, dass sich die Wertneutralitätsforderung lediglich auf wissenschaftsinterne Wertannahmen beziehen solle (vgl. ebd.: 311f.). Schurz unterscheidet den Wissenschaftsprozess in Entdeckungs-, Begründungs- und Verwertungszusammenhang, wobei sich die Forderung nach Freiheit von wissenschaftsexternen Werten nur auf den Begründungszusammenhang beziehe (vgl. ebd.: 313). Schurz fordert außerdem dazu auf, als Wissenschaftler*in grundsätzlich auf kategorische Werturteile zu verzichten und stattdessen hypothetische Werturteile im Sinne von Zweck-Mittel-Schlüssen abzugeben, bei denen zugrundeliegende Werte der Mittelempfehlungen explizit gemacht werden (vgl. ebd.: 309 sowie Rahman 2020: 124).

Diesen Forderungen schließe ich mich in meinem eigenen Wissenschaftsverständnis an und auch mein Forschungsanliegen soll diesen Ansprüchen folgen. In dieser Studie will ich hinter das Offensichtliche sehen und dabei auch durchgängig angenommene Ideale wie die Konzepte der ‚Moderne' und der ‚Entwicklung' hinterfragen, wissenschaftlich beleuchten und anschließend Kritik in Form von hypothetischen

Werturteilen üben. Meine Studie sehe ich dabei als Teil größerer Diskurse um die Themen Klimapolitik und Dekolonisation. Sie soll auch einen Beitrag zur Beantwortung der Frage, wie ein gerechter Klimaschutz verfolgt werden kann, leisten. Dass die Erkenntnisse, die am Ende dieser Arbeit stehen, anfechtbar sind und auch angefochten werden sollen, ist dabei besonders wichtig. Denn wenn meine Thesen widerlegt oder ergänzt werden, kann das nur in meinem Interesse als Forschende sein, da so wiederum der Wissenschaftsprozess vorangetrieben und weitere, vielleicht bessere Erkenntnisse generiert werden.

Die aufgezeigten wissenschaftstheoretischen Prämissen bilden die Grundlage für mein Forschungsvorhaben. Folgend will ich meine eigene ethische Positionierung zum Untersuchungsgegenstand aufzeigen.

5.2 Ethische Positionierung

Im Rahmen der Forschung halte ich es für sinnvoll, meinen eigenen ethischen Standpunkt bezüglich der behandelten Themen darzustellen. Die Offenlegung meiner eigenen Werthaltungen soll es den Leser*innen ermöglichen, die vorliegende Arbeit kritisch zu reflektieren. Basierend auf den generierten Thesen will ich anschließend vom Begründungszusammenhang getrennt Kritik üben und dabei – wie im erkenntnistheoretischen Teil dieser Arbeit dargestellt – gemäß Schurz (2013) hypothetische Werturteile im Sinne von Zweck-Mittel-Schlüssen abgeben können. Diese sollen auf der folgend dargestellten ethischen Positionierung meinerseits basieren. Es sei darüber hinaus auf eine Selbstreflexion im Anhang verwiesen, in der ich meine eigene Position als Forschende im postkolonialen Kontext reflektiere (vgl. Kap. A 1.).

Allgemein schließe ich mich den aufgezeigten Forderungen aus den post- und dekolonialen Theorietraditionen an und nehme dabei insbesondere Bezug auf die in Kapitel 3 dargestellten Aspekte. Ich verneine jegliche Form der Kolonialität, aber auch grundsätzlich Ausbeutungsverhältnisse sowie Unterdrückung und schließe mich damit marxistischen Forderungen an. Auch ich vertrete die Ansicht, dass die Dekolonisierung noch nicht abgeschlossen ist (vgl. Castro Varela, Dhawan 2015: 16) und daher ein weiteres Fortschreiten dieser auf materieller Ebene sowie auch in der epistemischen Dimension zwingend erforderlich ist, denn die Dekolonisierung impliziert sowohl das Sein wie auch das Wissen (vgl. Mignolo 2019: 46). Dazu halte ich eine Kritik an den Konstrukten des ‚Westens‘ und der ‚Moderne‘, der weltweiten Vormachtstellung des euroatlantischen Raumes sowie eine allgemeine

Kritik am kapitalistischen Weltsystem und imperialen Strukturen für notwendig. Überdies bin ich der Meinung, dass die hier ausgeklammerten feministischen Aspekte und Forderungen aus der postkolonialen Richtung viel größere Beachtung finden müssen – auch in der internationalen Klimapolitik.[33]

Dass es dringlich ist, den Klimawandel sowie die Umweltzerstörung zu minimieren bzw. zu beenden und die Biosphäre nach Möglichkeit zu rehabilitieren, ist eine Voraussetzung, mit der ich an den Diskurs herantrete. Ich vertrete dabei die Ansicht, dass die Staaten, die eine besonders große Schuld am Klimawandel tragen, auch dazu verpflichtet sind, diesen abzuwenden und Schäden sowie Verluste in anderen Ländern zu kompensieren. Ich wende mich daher von der geläufigen Anklage ab, die ‚Menschheit' als Ganzes habe den Klimawandel verursacht und schließe mich der Kritik des postkolonialen Historikers Dipesh Chakrabarty an, demzufolge die Erzählung einer Verschuldung der ‚Menschheit' „wie ein Feigenblatt, mit dem die Selbstsucht des Westens kaschiert werden soll" (Chakrabarty 2011: 146) wirkt. Denn die tatsächliche Verschuldung tragen diejenigen, die Profit auf Kosten der Umwelt machen (vgl. ebd.: 148).

Eine alternative Erzählung über den Klimawandel hat sich seit den 1970ern in der *Politischen Ökologie* etabliert, die sich „explizit gegen apolitische und global vereinheitlichende Erklärungen ökologischer und sozialer Krisen" (Dietz, Engels 2015: 2) stellt. Beispielsweise

---

[33] Obwohl ich in dieser Studie keine feministische Perspektive auf Umwelt- und Klimathemen einnehme, will ich nicht unerwähnt lassen, dass sowohl soziale wie auch ökologische Krisen vielfach besonders verheerende Auswirkungen auf die jeweiligen benachteiligten Gruppen in betroffenen Regionen haben, darunter Frauen. Darauf gehen beispielsweise die postkolonialen Autorinnen *Shalini Randeria* (2009) sowie *Kristina Dietz* und *Bettina Engels* (2015) ein. Dietz und Engels schreiben hierzu: „Die Art und Weise der Nutzung von Natur konstituiert nicht nur spezifische Bevölkerungsgruppen, sondern ist auch zutiefst geschlechtlich strukturiert. Beides bleibt in den entwicklungs- und naturschutzpolitischen Programmen ebenso wie in den meisten Studien, welche die Auswirkungen von Naturschutzprogrammen untersuchen und dabei in der Regel die „lokale Bevölkerung" als homogene Gruppe darstellen, unberücksichtigt" (Dietz, Engels 2015: 9). Dieses Thema sollte daher in der Umwelt- und Klimapolitik eine viel größere Beachtung erhalten, als dies aktuell der Fall ist: Bei der Klimakonferenz 2018 in Katowice wurde beispielsweise eine verstärkte Integration von Genderaspekten in die Arbeit des für Schäden und Verluste zuständige ExCom abgelehnt (vgl. Schwarz et al. 2019: 23). Eine Betrachtung des Diskurses der internationalen Klimapolitik aus einer feministischen Perspektive heraus wäre daher gewiss interessant, würde aber über den Rahmen meines Anliegens hinausgehen.

werden hier Erklärungsmuster abgelehnt, die das Bevölkerungswachstum, die ‚Unterentwicklung' oder Armut für den Klimawandel und die Umweltzerstörung verantwortlich machen. Stattdessen sind Vertreter*innen der Politischen Ökologie sowie auch ich der Meinung, dass die Umweltzerstörung letztlich auf die „politisch-ökonomischen Macht- und Herrschaftsverhältnisse, die inhärente ökologische Destruktivität kapitalistischer industrieller Produktionsweisen sowie das Bestreben der Moderne nach einer immerwährenden Steigerung der Naturbeherrschung" (ebd.) zurückzuführen ist. Ein zentraler Referenzpunkt für die Politische Ökologie sind Neils Smiths Arbeiten in „Uneven Development: Nature, Capital and the Production of Space" (2010 [1984]), das eine marxistische Kritik des kapitalistischen Raum- und Naturverständnisses darstellt. Sein Konzept der „Produktion von Natur" (vgl. Smith 2010: 49-91) wendet sich gegen die Sichtweise, in der Natur als universell und von der Gesellschaft getrennt aufgefasst wird. Diese Konzeption dient den kapitalistischen Interessen, „weil sie die diskursive Depolitisierung sozialer Verhältnisse als ‚natürlich' ermöglicht" (Dietz, Engels 2015: 8). Unter kapitalistischen Produktionsbedingungen wird Natur sozial produziert:

> "But with the progress of capital accumulation and the expansion of economic development, this material substratum is more and more the product of social production, and the dominant axes of differentiation are increasingly societal in origin" (Smith 2010: 49f.).

Gesellschaft und Natur müssen daher zusammen gedacht werden, wie dies auch in vielen, teils marginalisierten nicht-westlichen Naturverständnissen der Fall ist. Die Politische Ökologie nimmt durch ihr Verständnis von „‚Umwelt' als ein dialektisches Verständnis von Gesellschaft und Natur, das entlang von Ungleichheitsstrukturen organisiert ist" (Bauriedl 2016: 342), einen herrschaftskritischen Standpunkt ein. Ökologische Krisen werden stets auch als soziale Krisen aufgefasst und im Gegenzug lassen sich Umweltfragen nur lösen, „wenn zugleich die Frage nach den (ungleichen) sozialen Verhältnissen sowie nach politischer Herrschaft gestellt wird" (Dietz, Engels 2015: 9).[34] Explizit auf

[34] Darüber hinaus sei auf den Strang der ‚Dritte Welt Politische Ökologie' verwiesen, der einen besonderen Fokus auf die Ungleichheitsverhältnisse zwischen Erster und Dritter Welt sowie die Umweltprobleme in letzterer innerhalb der Politischen Ökologie legt. Die Bezeichnung geht auf den Sammelband ‚Third World Political Ecology' von Raymond Bryant und Sinead Bailey zurück (2005 [1997]).

die internationale Klimapolitik beziehen sich bereits 1992 Anil Agarwal und Sunita Narain, die insbesondere für die Forderung nach Klimagerechtigkeit sowie nachhaltiger Entwicklung im Sinne von Daly (vgl. Kap. 3.3.2 sowie Daly 1994, 1999) prägend waren. Sie bezeichnen die westlich dominierte Klimapolitik auch als *Öko-Kolonialismus* (Agarwal, Narain 1992) und fordern, dass die reichen Staaten, die für den Klimawandel verantwortlich sind, auch die Kosten bei der Abwendung des Klimawandels sowie seiner Folgen tragen (vgl. ebd.: 46). Ihre Arbeiten waren prägend für die Forderung von einer Zuteilung der Emissionsrechte nach Bevölkerungszahlen (vgl. ebd.: 29).[35] Auch ich bin der Meinung, dass einzig eine Zuteilung der Rechte des Emissionsausstoßes sowie eine Kompensation von Schäden und Verlusten nach dem Verursacherprinzip, demzufolge Schäden und Verluste von dem*derjenigen zu tragen sind, der*die diese verursacht hat (vgl. dazu Art. 2, USG), eine gerechte Klimapolitik darstellen würden. Dass dies aufgrund von Machtverhältnissen und Interessenkonflikten nicht einfach möglich ist, sollte nicht zur Resignation führen. Wenn eine gerechte Welt uns auch utopisch erscheint, so hilft uns die Vorstellung doch, als Zielvorstellung unserer Arbeit eine Richtung zu geben und dadurch vielleicht Veränderungen zu erwirken. Um Klimagerechtigkeit zu verwirklichen, müssen auch neokoloniale Muster, die immer noch wirken und den imperialistisch handelnden Staaten Macht verleihen, aufgelöst werden. In einem ersten Schritt will ich solche Strukturen in der internationalen Klimapolitik aufdecken. Wie ich methodisch dabei vorgehen werde, soll folgend erläutert werden.

[35] Die Forderungen nach Pro-Kopf-Emissionsrechten wurden aber nie umgesetzt. Im Kyoto-Protokoll wurden die Emissionsrechte anhand der Ausstoßmengen von 1990 zugeteilt, das heißt die Nationen, die 1990 hohe Emissionen hatten, durften auch mehr Emissionen ausstoßen als diejenigen, die 1990 niedrige Emissionen hatten (vgl. Art. 3, Kyoto-Protokoll). Im Paris-Abkommen dagegen gibt es keine Aufteilung der Emissionsrechte, da die Vermeidungsmengen von jedem Land selbst festgesetzt werden (Art. 4, PA).

6. Methodisches Vorgehen und Datenmaterial

In meiner Forschungshaltung lehne ich mich eng an die postkolonialen Theorien und die dargestellten Schlüsselkonzepte an. Diese integriere ich in das Forschungsprogramm der Wissenssoziologischen Diskursanalyse (WDA) nach Reiner Keller (2011b). Wie sich die postkolonialen Theorien stark am Poststrukturalismus und dabei insbesondere an den Konzepten von Michel Foucault zu Wissen und Macht orientieren, bezieht sich auch die WDA auf Foucaults Machtanalytik und sein Verständnis von Diskursen. Daher ist diese Methodologie mit dem Forschungsanspruch der postkolonialen Theorien hervorragend kompatibel. Zur Auswertung des Datenmaterials sowie zur Theoriebildung nutze ich die Methode der Grounded Theory (GT). Bei Verwendung der GT wird auf die Konzeption nach Glaser und Strauss (1967) in enger Anlehnung an die Verfahrensweise nach Roos (2013) zurückgegriffen. Zunächst will ich die einzelnen Analysekonzepte und darauffolgend meine eigene Vorgehensweise erläutern.

6.1 Wissenssoziologische Diskursanalyse

Mit der Verwendung der WDA beziehe ich mich auf das Konzept von Reiner Keller. Er selbst beschreibt dieses als ein „Sozialwissenschaftliches Forschungsprogramm zur Analyse gesellschaftlicher Wissensverhältnisse und Wissenspolitiken“ (Keller, Truschkat 2013: 27). Wissens- bzw. Definitionsverhältnisse meinen die sozial erzeugten und historisch situierten Wirklichkeitsvorstellungen, die wiederum Sinngebungen und Handlungsweisen strukturieren. Die resultierenden Deutungs- und Handlungsstrukturen bilden sogenannte Wissens-Regime bzw. Wissenspolitiken (vgl. ebd.: 27f.).

Die Wissenssoziologische Diskursanalyse greift auf das Verständnis von Diskurs und Macht von Michel Foucault zurück, welche zunächst aufgezeigt werden. Demnach sind Diskurse konstitutiv für das Soziale, da sie „systematisch die Gegenstände bilden, von denen sie sprechen“ (Foucault 1973, S. 74). Dies bezieht sich insbesondere auf gesellschaftliche Gegebenheiten. Phänomene wie beispielsweise der Klimawandel können nicht allein durch Diskurse gebildet werden.[36] Durch die Art

[36] Foucault arbeitete neben dem Konzept des Diskurses auch noch das viel umfassendere Konzept des Dispositivs, welches das Zusammenspiel von Sagbarem und Sichtbarem umfasst (vgl. Keller 2008: 92), aus. Das Dispositiv umfasst nicht nur

und Weise, wie über Phänomene gesprochen wird und mit ihnen umgegangen wird, bestimmt der Diskurs aber, wie jene in der Gesellschaft behandelt werden. Ein Diskurs bezieht damit nicht nur sprachliche Artikulationen mit ein, sondern den gesamten Umgang mit einem Phänomen. Das Sprechen darüber ist ein relevanter Teil dieser diskursiven Praxis. Dabei ist nicht nur das, was tatsächlich artikuliert oder gemacht wird, wichtig: Ein Diskurs bildet sich auch durch das, was – bewusst oder unbewusst – nicht artikuliert oder gemacht wird. Ein Diskurs ist keine historisch konkrete Praxis, sondern in beständiger Veränderung einhergehend auch mit sich verändernden Sinn- und Identitätsverständnissen. Diese diskursive Konstruktion von Wirklichkeit überschneidet sich mit den Ansätzen des Sozialkonstruktivismus, auf dessen Konzept im nachfolgenden Kapitel zur erkenntnistheoretischen Grundlage der Forschungsarbeit genauer eingegangen wird.

Strukturiert wird ein Diskurs nach Foucault durch sogenannte Formationen[37], die gemeinsam das System an Praktiken und Aussagen, die innerhalb dieses Diskurses stattfinden oder nicht stattfinden und damit den Diskurs ein- bzw. abgrenzen (vgl. Keller 2008: 77ff.). Die Regeln, denen diese Formationen folgen, nennt Foucault später auch *Machtmechanismen*[38], welche die Möglichkeit dessen, was in einer Gesellschaft artikuliert bzw. getan werden kann, strukturieren und verknappen (vgl. ebd.: 80). Beispiele sind Verbote sowie die Definition von ‚wahr' und ‚falsch', aber auch die Definition der Chancen von Sprecher*innen, Aussagen zu formulieren und Gehör zu finden. *Macht* kann aus dieser Perspektive beschrieben werden als ein Kontroll- und Einschränkungsmechanismus von Handlungen in einem bestimmten Diskurs (vgl. Keller 2008: 81). Neben der begrenzenden Wirkung von Macht, definiert sie aber auch das produktive Handlungsvermögen, denn sie ermöglicht die Beeinflussung des Verhaltens anderer:

---

die diskursiven Praktiken zu einem Thema, sondern ein viel weiteres Feld von angrenzenden Beziehungen und Handlungen, in das ein Diskurs eingebettet ist. Ein Dispositiv ist nur schwerlich zu fassen und eignet sich kaum zu einer Analyse, deshalb wird dieses Konzept hier ausgeklammert.

37 ‚Diskursformationen' beschreibt Foucault insbesondere in seinem Werk *Archäologie des Wissens* (1973). Hierbei sei darauf hingewiesen, dass der Begriff in seiner ursprünglichen französischen Verwendung durch Foucault (‚*formation*', frz.) gleichermaßen auf Dynamik und Stabilität anspielt.

38 Foucault beschreibt diese Formationen in seiner Lesung *Die Ordnung des Diskurses* (1974) auch als ‚Machtmechanismen'.

> „Machtausübung zeigt sich als Einwirkung auf die Handlungen anderer. Diese Einwirkung setzt Freiheitsgrade der handelnden, individuellen und kollektiven Subjekte und ihrer Reaktionen voraus, denn nur dann ist eine solche Einwirkung erforderlich, nur dann unterscheiden sich die in Frage stehenden Beziehungen von Gewalt und Zwangsverhältnissen sowie der Sklaverei" (Keller 2008: 86).

Als „Dimension menschlichen Handelns und menschlicher Beziehungen" (ebd.: 85) bezeichnet Macht vielfältige Kräfteverhältnisse, um die es Kämpfe und Auseinandersetzungen gibt. Dazu herrschen verschiedene Strategien vor, anhand derer diese Kräfteverhältnisse und die damit verbundenen Kämpfe wirken und verkörpert werden. Institutionell können sich diese in den Staatsapparaten und der Gesetzgebung verkörpern. Macht kann damit auch als eine strategische Situation in einer Gesellschaft angesehen werden, doch ist sie ebenfalls in anderen Verhältnissen wie ökonomischen Prozessen, Erkenntnisrelationen und auch sexuellen Beziehungen immanent (vgl. ebd.). Der Diskurs als ein Prozessbegriff ist eine der sozialwissenschaftlichen Analyse zugängliche Gestalt der Wissenspolitiken und verweist „auf die Ereignisse, Aussagen, Akteure und Praktiken, in denen Wissen aktualisiert, verbreitet, angegriffen, bestritten, verändert und verworfen wird" (Keller 2011b: 17). Seine Eignung zur Analyse eröffnet ein breites Spektrum an Methodologien und Methoden der Diskursforschung.

Bei der Wissenssoziologischen Diskursanalyse sollen dabei insbesondere die Praktiken der Versprachlichung in einem Diskurs analysiert werden. Die zu untersuchenden diskursiven Praktiken sind dabei vollzogene „Sprechhandlungen des Redens, Schreibens und Protokollierens (…), die (…) als ‚Äußerungen' dokumentiert und der Analyse zugänglich sind" (Keller 2008: 75). Dabei sollen die einzelnen Äußerungen als Träger der immanenten ‚Aussagen' untersucht werden. Der Schwerpunkt der Analyse liegt also nicht auf einer großformatigen Untersuchung abstrakter Diskursmechanismen, sondern auf der konkreten „Untersuchung des konfliktreichen Aufeinanderprallens unterschiedlichster Diskurse im Schlachtgetümmel gesellschaftlicher Problembearbeitungen" (ebd.: 83). Dabei liegt ein Schwerpunkt auch auf der Untersuchung von Machtverhältnissen. Diskurse werden hierzu als „sprachliche Handlungen, mit denen etwas getan wird, als Sprechakte und strategisch-taktische Sprachspiele" (ebd.: 81) untersucht.

Darüber hinaus orientiert sich die WDA in Erkenntnisinteresse und Grundannahmen an der Wissenssoziologie – speziell an Berger und Luckmann. Sie beschäftigt sich mit den Prozessen und Praktiken der

Wissensproduktion und -zirkulation auf der Ebene der institutionellen Felder der Gesellschaften (vgl. Keller 2011a: 61). Dabei setzt die hermeneutische Wissenssoziologie voraus, dass soziale Akteure sinnhaftdeutend handeln (vgl. Keller 2007). Ziel ist es, Prozesse der gesellschaftlichen Konstruktion, Objektivation, Kommunikation sowie Legitimation von Sinnstrukturen (Wissenspolitiken) auf der Ebene von Institutionen, Organisationen bzw. kollektiven Akteuren zu rekonstruieren und deren gesellschaftliche Wirkungen zu analysieren (vgl. Keller 2011a: 59). Die hermeneutische Wissenssoziologie legt wie auch die auf sie zurückgreifende WDA eine „sequenzanalytisch angelegte Feininterpretation der Daten" (Keller 2007) nahe. Die Tiefenschärfe bei der Auswertung zielt auf das Verstehen des komplexen Wechselspiels „zwischen Wirklichkeitskonstruktion, Wirklichkeitsobjektivierung sowie den Interessen und Strategien sozialer Akteure als kontingenten sozialen Ordnungsprozess" (Keller 2011b: 12). Aus der mikroanalytischen Perspektive sollen Rückschlüsse auf die gesellschaftliche Meso- und Makroebene von „Wissensverhältnissen und Wissenspolitiken, den Produktions- und Zirkulationsweisen gesellschaftlicher Wissensvorräte" (Keller 2007), getroffen werden.

Um die Wissens-Ordnung der Gesellschaft als einen permanenten Prozess zu verstehen, werden Praktiken, Akteure und Institutionen untersucht, die mit solchen Ordnungen in Verbindung stehen, indem sie diese erzeugen, stützen oder verändern (vgl. Keller 2011b: 17). Ziel des Forschungsprogramms ist die Rekonstruktion von Diskursen im Sinne einer „Nachzeichnung der Schließung kontingenter Entwicklungen im Prozess institutioneller Wahrheitsbestimmung" (ebd.). Dadurch ist das Forschungsprogramm der WDA mit meinem Forschungsanliegen hervorragend kompatibel.[39] Die Methodologie eignet sich besonders, da ich nach neokolonialen *Macht-Wissens-Verhältnissen* im untersuchten Diskurs der internationalen Klimapolitik frage. Ich verbinde das postkoloniale Forschungsinteresse mit der diskursorientierten Macht-Wissens-Analytik der WDA.

[39] Eine diskursanalytische Herangehensweise liegt dem postkolonialen Forschungsanspruch nahe und wird daher auch von zahlreichen postkolonialen Theoretiker*innen verwendet wie beispielsweise von Danielzik und Bendix: „Unter Zuhilfenahme einer diskursanalytischen Vorgehensweise, die eine postkoloniale Perspektive als ihren theoretischen Einfallswinkel wählt, ist es möglich, durch die textuelle Oberfläche des Analysematerials zu dringen und spezifische Rassialisierungsprozesse auf der policy-Ebene freizulegen" (Danielzik, Bendix 2016: 282).

Durch die Untersuchung der epistemischen Gewalt, die beispielsweise durch Konstrukte wie ‚Moderne', ‚Fortschritt' und ‚Entwicklung' wirkt (vgl. Kapitel 3.3), kann auf Wissens- und Definitionsverhältnisse und damit auf dahinterliegende Wertsetzungen geschlossen werden. Dadurch, dass die Regelungen der internationalen Klimapolitik direkte Auswirkungen auf die Lebensrealität aller Menschen – insbesondere auf die vom Klimawandel betroffenen – haben können, zeigt sich die machtvolle Wirkung von solchem Wissen. Außerdem eignet sich die WDA bei den Fragen des gesellschaftlichen Wandels, da sie gesellschaftliche Wissensverhältnisse, Informationsflüsse und Kommunikationsprozesse auch im Zusammenhang mit deren Wandel untersucht (vgl. ebd.: 15). Vor diesem Hintergrund ist es besonders interessant, ob die internationale Klimapolitik eher eine fortschreitende Dekolonisierung begünstigen könnte oder ob sie letztlich neokoloniale Strukturen festigt.

Das Forschungsprogramm ist dabei weitgehend gegenstandsunabhängig. Es setzt kein Standardverfahren der Diskursanalyse, sondern bildet vielmehr ein „theoretisch begründetes und empirisch handhabbares Vorgehen der sozialwissenschaftlichen Diskursforschung […], das wenig theoretische Vorannahmen über die Gegenstände beinhaltet und einer je gegenstandsspezifischen Übersetzung und Anpassung bedarf" (Keller, Truschkat 2013: 29). Dabei gibt das Konzept Vorschläge zum Vorgehen bei der Konzeption von wissensanalytisch ausgerichteten Diskursforschungen im Sinne einer spezifischen, theoretisch angeleiteten Forschungshaltung (vgl. ebd.: 69). Die Methodologie der WDA wird in dieser Forschung mit der Auswertungspraxis der Grounded Theory verknüpft, wobei im Sinne der WDA „allgemeine theoretische Kategorien und Hypothesen über typisierbare Formen und Mechanismen von Diskursen" (Keller 2011b: 17) auf Basis von öffentlich zugänglichem Textmaterial entwickelt werden. Auf die Methode der Grounded Theory wird im Folgenden eingegangen.

6.2 Grounded Theory

Eine einfache Übersetzung für Grounded Theory gibt es nicht. Die Methodologie bezeichnet einen „Forschungsstil zur Erarbeitung von in empirischen Daten gegründeten Theorien" (Strübing 2004: 10). Die Theorie, die anhand der Methode generiert wird, soll in den Daten, die zur qualitativen Analyse herangezogen werden, fundiert und somit ‚grounded' sein. Entwickelt wurde die Grounded Theory von Anselm Strauss und Barney Glaser (1967).

Im Rahmen dieser Forschung wird zur Auswertung des Datenmaterials auf die Methode der GT – eingebettet in das Forschungsprogramm der Wissenssoziologischen Diskursanalyse – zurückgegriffen. Die Methode der Grounded Theory ist dabei kein feststehendes Konstrukt. Selbst Glaser und Strauss waren sich in manchen Auffassungen uneinig.[40] Zudem wurde die Methode von zahlreichen Forscher*innen weiterentwickelt. Bei Verwendung der GT wird auf die Konzeption nach Glaser und Strauss in enger Anlehnung an die Verfahrensweise nach Ulrich Roos (2013) zurückgegriffen. Es folgt eine Darstellung der Methode und dabei insbesondere der im Rahmen dieser Arbeit forschungspraktisch relevanten Aspekte.

Bei der GT wird ein mehrstufiges Analyseverfahren herangezogen. Aus dem empirischen Material werden Kategorien und Kodes gebildet. Durch kontinuierliches Vergleichen sollen Eigenschaften der Kategorien und daraus theoretische Konzepte entstehen. Datenerhebung und -auswertung verlaufen verschränkt. Das theoretische Sampling wird bei der GT im Zuge der Analyse und nicht, wie es bei herkömmlichen Methoden meist der Fall ist, im Voraus gebildet:

> „[D]as ‚Sampling' beruht nicht unbedingt (oder nicht ausschließlich) auf dem Versuch, für eine Gesellschaft oder Population oder deren Heterogenitäten ‚repräsentativ' zu sein, sondern vor allem und ganz explizit auf theoretischen Vorüberlegungen, die bis dahin aus der vorläufigen Analyse hervorgegangen sind" (Clarke 2012: 33).

Parallel zum Forschungsprozess werden dabei ausführliche Memos als schriftliches Analyseprotokoll erstellt. Um die Daten aufzubrechen, zu konzeptualisieren und schließlich wieder zusammenzusetzen, entwickelte Strauss einen dreistufigen Kodierprozess. Im Zuge dessen werden Kategorien gebildet, die zunächst nah am (Text-)Material formuliert sind und im Zuge der Auswertung an Abstraktheit zunehmen.

[40] Glaser und Strauss waren sich insbesondere bezüglich des Miteinbezugs von Vorwissen bei der Analyse uneinig. In der Darstellung der zugrundeliegenden epistemologischen Prämissen dieser Arbeit (vgl. Kap. 5.1) wird bereits aufgezeigt, dass Vorwissen meines Erachtens nicht aus dem Wissenschaftsprozess ausschließbar ist und eine vollständig objektive Forschung demnach nicht möglich ist. Doch soll der Begründungszusammenhang möglichst frei von wissenschaftsexternen Werten gehalten werden. So gehe ich selbst mit möglichst viel Vorwissen an die Analyse heran und versuche trotzdem, insbesondere beim Prozess der Analyse eine Offenheit für neue Lesarten zu erhalten. Damit schließe ich mich weder Glaser noch Strauss vollständig an.

Strauss unterscheidet dabei zwischen offenem, axialem und selektivem Kodieren. Die einzelnen Schritte sind dabei jedoch weder als gegeneinander distinkt, noch in fester Reihenfolge zu verstehen (vgl. Strübing 2004: 16). Sie können überlappen, miteinander kombiniert sowie auch in der Reihenfolge gewechselt und wiederholt werden. Grundsätzlich steht das offene Kodieren am Anfang im Vordergrund, gegen Ende vor allem das selektive Kodieren. Ziel des Kodierprozesses ist die Interpretation des Textmaterials als Spuren sozialer Praxis zur Rekonstruktion zugrundeliegenden Sinns sowie von Bedeutung (vgl. Roos, Franke 2017: 623, 634). Hierbei können allgemein die Techniken der ‚künstlichen Naivität', der Übertreibung und der polemischen Zuspitzung des Gedankengangs, die Suche nach dem Verborgenen sowie die Frage nach den verfolgten Interessen und der dahinterliegenden Macht, was auch im Forschungsprogramm der WDA ein maßgebliches Ziel ist, hilfreich sein (vgl. Roos 2013: 327).

Beim *offenen Kodieren* sollen die Daten durch analytisches Herauspräparieren einzelner Phänomene ‚aufgebrochen' werden (vgl. Strübing 2004: 19f.). Dabei werden Konzepte benannt und Kategorien und Unterkategorien herausgearbeitet. Die entstehenden Kategorien ersten Abstraktionsgrades sind noch sehr nah am Textmaterial und enthalten erste vorläufige Hypothesen, die jedoch widerlegbar bleiben (vgl. Roos 2013: 338f.). Besondere Relevanz erlangt hier das Schreiben theoretischer *Memos* als erste Theoriefragmente. Bereits ab Beginn der Datenanalyse sollen zusammenhängende Texte, die verständlich und nachvollziehbar sind, notiert werden. Das Niederschreiben analytischer Gedanken und projektrelevanter Ideen dient als Entlastung für die weitere Arbeit (vgl. Strübing 2004: 33ff.). Sowohl zur Hypothesengenerierung wie auch für die intersubjektive Nachvollziehbarkeit der Interpretationsvorgänge sind ausführliche Memos von Bedeutung. Darin wird der einer Hypothese zugrundeliegende Gedanken- und Argumentationsvorgang verschriftlicht (vgl. Roos 2013: 331). Die daraus entstehende Nachvollziehbarkeit des Interpretationsgangs macht die Forschung besonders kritisierbar.

Die vorhandenen Kategorien werden im Zuge des *axialen Kodierens* weiter ausdifferenziert. Dabei werden Kategorien und Unterkategorien miteinander in Beziehung gesetzt, wodurch systematisch Unterschiede und Gemeinsamkeiten auf dimensionaler Ebene aufgedeckt werden sollen. Hierbei kann auch eine visuelle Darstellung der vorhandenen Kategorien zur Entwicklung eines gegenstandsbezogenen

Zusammenhangsmodells hilfreich sein (vgl. Strübing 2004: 19f.). Schließlich sollen dabei Kategorien zweiten Abstraktionsgrades entstehen.

Bei der dritten Stufe des Kodierprozesses, dem *selektiven Kodieren*, sollen eine oder wenige Kernkategorien identifiziert werden. Diese werden dann präzise beschrieben und zu allen anderen Kategorien in Beziehung gesetzt. Hier äußert sich auch besonders der rote Faden des gesamten Forschungsprozesses. Ziel ist die Einheitlichkeit der Analyseperspektive sowie die Eindeutigkeit der sukzessiven Entwicklung der Forschungsfrage (vgl. ebd.: 17). Das entstandene System an Aussagen bildet schließlich eine „empirisch fundierte, ‚gegenstandsverankerte Theorie'" (Clarke 2012: 33). Abbruchkriterium und Ziel sowohl des Kodierens wie auch des parallel zu erhebenden theoretischen Samplings ist die *theoretische Sättigung*. Diese ist erreicht, wenn zusätzliches Material und weitere Auswertungen keine neuen Eigenschaften der Kernkategorien mehr aufzeigen und zu keinen neuen Erkenntnissen bezüglich des Gegenstands beitragen. Durch dieses Kriterium kann konzeptuelle Repräsentativität (vgl. Strübing 2004: 32) erreicht werden. Damit gemeint ist die „umfassende und hinreichend detaillierte Entwicklung der Eigenschaften von theoretischen Konzepten und Kategorien" (ebd.). Doch sollte dem*der Forschenden stets bewusst sein, dass letztendliche Erkenntnisgewissheit schwierig zu garantieren ist und somit nicht nur der Anfang, sondern auch die Beendigung des Forschungsprozesses „von einer gewissen epistemologischen Offenheit gekennzeichnet" (Breuer 2010: 111) ist. Auch wegen dieser grundsätzlichen Offenheit eignet sich die GT für die forschungspraktische Durchführung meiner Analyse. An die Forschung wird nur mit wenig eingegrenztem Rahmen an Textmaterial herangegangen mit dem Ziel, nach Bedarf parallel zum Auswertungsprozess weiteres Material hinzuzuziehen. Beispielsweise werden im Forschungsprozess zur Analyse zentraler Staatengruppen noch zusätzliche Textsequenzen hinzugezogen. Das ständige Vergleichen und miteinander-in-Beziehung-Setzen des axialen Kodierens ermöglicht es mir, Gemeinsamkeiten und Unterschiede im Material auch verschiedener Akteure herauszustellen. Mir geht es dabei jedoch nicht um die quantitative Materialauswertung, sondern es werden im ersten Schritt qualitativ für die Thematik besonders relevante Texte ausgewählt und analysiert. Das Ziel der GT wie auch meiner Forschung ist die materialbasierte Thesengenerierung. Zunächst folgt eine Darstellung meiner forschungspraktischen Vorgehensweise.

6.3 Vorgehen bei der Analyse

Im Rahmen dieser Studie wird der Diskurs der internationalen Klimapolitik mit Blick auf das Themenfeld der klimawandelbedingten Schäden und Verluste untersucht. Die Wissenssoziologische Diskursanalyse untersucht hierzu im Besonderen Textmaterial, da demnach sprachliche Äußerungen als Handlungen (‚Sprechakte') aufgefasst werden. Dadurch, dass Sprechhandlungen als Äußerungen dokumentiert werden können, eignen sie sich besonders zur Analyse (vgl. Keller 2008: 75, 81). Der Fokus soll auf den Verhandlungen der Klimakonferenzen zum Thema L&D liegen. Da das Thema im PA verankert ist, eignen sich die Pariser Klimakonferenz 2015 sowie die vier darauf folgenden Klimaverhandlungen, also die COP 21 – COP 25, die auch die CMA 1 und die CMA 2 umfassen.

Zur Auswertung werden verschiedene Datenquellen herangezogen. Dazu zählen zunächst die Beschlüsse, die seit dem Pariser Klimaabkommen verabschiedet wurden. Neben einem Blick auf die Beschlusslage allgemein wird aber nur ein Teil mit der Grounded Theory sequenzanalytisch ausgewertet. Ausgeschlossen werden beispielsweise Paragraphen, die vor allem organisatorische oder technische Fragen bearbeiten. Die Entscheidung, auch Beschlüsse zur Analyse hinzuzuziehen, fällt erst im Zuge der Datenauswahl, geht aber auf die Einsicht zurück, dass in den Verhandlungen viel um die Formulierungen der Paragraphen gefeilt wird und diese letztlich das widerspiegeln, was im untersuchten Diskurs als Konsens gilt – da ja alle Entscheidungen nach dem Einstimmigkeitsprinzip entschieden werden müssen. Die Sprache in den Beschlüssen halte ich daher für besonders repräsentativ sowie auch setzend für den Diskurs.

Einen elementaren Teil der Datenauswahl bilden die konkreten Verhandlungen. Die Suche nach Material stellt sich hier aber schnell schwieriger als erwartet heraus: Zum einen gibt es keine schriftlichen Protokolle, sondern nur Webcasts, also Videoaufzeichnungen, der relevanten Plenarsitzungen, welche nur einen Ausschnitt der Verhandlungen darstellen. Aufgrund der großen Datenmenge sind die Webcasts der älteren Konferenzen nicht mehr online verfügbar, weshalb ich nur auf die der beiden vergangenen Konferenzen zugreifen kann. Da es auf der Konferenz 2018 jedoch keinen eigenen Verhandlungsstrang zum Thema L&D gab, wird das Thema nur am Rande diskutiert. Die transkribierten Sequenzen der vergangenen Konferenz (COP 25 bzw. CMA 2) dagegen sind hilfreich und aufschlussreich.

Um ein Bild über den gesamten Diskurs sowie über Haltungen von untersuchten Staatengruppen zu erhalten, ziehe ich zudem Sequenzen aus Statements von Staaten hinzu. Besonders genau wird der Leaders-Event der Pariser Klimakonferenz untersucht. Der Grund für diese Auswahl ist, dass bei der Pariser Klimakonferenz die Teilnahme von Staaten besonders hoch war und diese Konferenz – und damit die abgegebenen Statements – eine so große Reichweite hatte. Auf dem Leaders-Event vertritt in der Regel nicht ein*e Delegierte*r, sondern das Staatsoberhaupt selbst den Staat. Auch dies erhöht die Reichweite. Daher entschließe ich mich zur genauen Untersuchung dieser Statements. Bei einer Erwähnung des Themas L&D wird dies zunächst notiert. Einige Sequenzen davon werden dann als Datenmaterial hinzugezogen. Außerdem erhalte ich dadurch einen allgemeinen Überblick über den Diskurs. Dazu wird ein eigenes Memo angefertigt.

Von den Konferenzen 2016 (COP 22) und 2017 (COP 23) werden dagegen die Statements der High-Level-Segments untersucht. Diese finden in der Endphase der Verhandlungen, aber noch vor der Beschlussfassung – also während dem sogenannten ‚High Level' – statt. Da die Staaten hier auch in Gruppen auftreten, wurde der Blick dabei besonders auf die Staatengruppen gelegt. Aus dem Grund, dass die Industriestaaten beim Thema L&D nicht vorrangig in UN-Staatengruppen agieren, betrachte ich allgemein die Annex-II-Staaten – die Industriestaaten, die gemäß der Klimarahmenkonvention zu finanzieller Unterstützung der Dritte-Welt-Staaten verpflichtet sind und damit auch die wären, die bei möglichen Regelungen zur Finanzierung von L&D dafür aufkommen müssten (vgl. Art. 4, Abs. 3, UNFCCC). Da sich aufgrund der Vorrecherche bis auf die AOSIS keine Staatengruppe besonders beim Thema L&D hervortut, beschließe ich, zunächst offen an die Forschung heranzugehen und nach der ersten Auswertung Staatengruppen zur genaueren Betrachtung zu wählen und hierzu weitere Sequenzen hinzuzuziehen. Neben den AOSIS wähle ich dafür die AGN. Die zusätzlichen Sequenzen werden aus den bisher nicht analysierten High-Level-Segments – dem der COP 21 und der COP 25 – gewählt.[41]

---

[41] Die meisten Textquellen sind englisch verfügbar, manche auch auf Deutsch. Diese werden in der jeweiligen Form ausgewertet. Bei französisch, italienisch oder spanisch verfügbaren Daten wird bei der Auswertung eine entsprechende Übersetzung hinzugezogen. Wenige Statements der COP 21 sind zudem nur in anderer Sprache bzw. nicht römischer Schriftart verfügbar. Sie werden daher nach Möglichkeit mit einem Übersetzungsdienst in die deutsche Sprache übersetzt. In

Wie bereits dargestellt, orientiert sich die Auswertungspraxis an einer im Voraus konzipierten Heuristik an Frageblöcken und Unterfragen (vgl. Kap. 2). Diese Heuristik ist neben der Integration von Fragestellungen, die von der postkolonialen Theorie inspiriert sind, in ihrer Zielsetzung eng an die Analyseperspektive der WDA angelehnt. Ziel ist demnach ganz im Sinne dieser Methodologie eine „empirische Untersuchung von Formen, Ausmaß und Folgen gesellschaftlicher Definitionsverhältnisse und Wissenspolitiken" (Keller 2011b: 17). Die Heuristik bestimmt den Rahmen der Analyse, ist dabei jedoch kein feststehendes und unabänderliches Konstrukt; eine Abänderung, Ergänzung oder inhaltliche Umorientierung während des Forschungsprozesses soll stets offenstehen. Der Fokus auf konkrete Staatengruppen beispielsweise wird erst im Zuge der Analyse gewählt. Wie aufgezeigt, wird die Methodologie der WDA mit der Analysemethode der GT nach Glaser und Strauss mit Anlehnung an die Verfahrensweise nach Roos gewählt. Da das Konzept der WDA kein Standardverfahren setzt, sondern vielmehr als spezifische, theoretisch begründete Forschungshaltung Vorschläge zum Vorgehen bei wissenssoziologisch ausgerichteten Diskursforschungen gibt, eignet sich die Einbettung des forschungspraktischen Verfahrens der Methode der GT in die interpretative Analytik des wissenssoziologischen Programms der Diskursanalyse.

Aus dem vorhandenen Textmaterial werden dazu Sequenzen gewählt, die besonders vielversprechend wirken, beispielsweise weil sie inhaltlich passend sind oder sich thematisch auf Fragestellungen der Heuristik beziehen. Per Word-Kommentarfunktion schreibe ich zu den einzelnen, durchnummerierten Sequenzen möglichst ausführliche Memos. Dies, wie auch die folgende Kategorienbildung, ist eng an Roos orientiert:

> „Zu den einzelnen, hier aufgrund der Analyse einer einzigen Sequenz natürlich nur vorläufig und zaghaft gebildeten Hypothesen überlege ich mir

einzelnen Fällen ist jedoch auch das nicht möglich. Diese Statements gehen nicht in die Auswertung mit ein. Es handelt sich hier um sechs Statements des Leaders-Event in Paris. Insgesamt wurden 115 von 198 Statements gesichtet. 77 waren nicht verfügbar und sechs nicht übersetzbar. Gerade in meinem Themenfeld sollte eine Gleichbehandlung wirklich aller Äußerungen möglich sein. Dieses Ziel wird in meiner Studie auch angestrebt, deshalb mein Versuch, die Datenauswahl möglichst über sprachliche Barrieren hinweg zu treffen. Das gelingt mir hier nicht vollständig und stellt daher eine verhältnismäßig kleine, aber doch bedauerliche Lücke in der Datenauswahl dar.

> nun i) einen Titel, nummeriere ii) die Hypothesen und füge iii) die Sequenz, deren Interpretation zum Formulieren der These geführt hat, als Beleg, als Indikator für diese These hinzu und ordne iv) der Sequenz per Word-Kommentarfunktion das oben stehende Memo zu, so dass die Gedankengänge und die Begründungsstruktur, die zur Formulierung der These geführt haben, unmittelbar vorliegen und von Dritten nachvollzogen werden können" (Roos 2013: 333).

Die Kategorien des ersten Abstraktionsgrades (K100er-Kategorien) sind noch sehr nah am Text, also den analysierten Sequenzen, orientiert. Sie werden aber auch unter ständigem Abgleich der angefertigten Memos mit der Heuristik entwickelt. Zu meiner positiven Überraschung sind hier trotz meinem anfänglichen Zweifel an dem ausgewählten Datenmaterial, das ja vor allem wegen dem Mangel an verfügbaren aufgezeichneten Verhandlungssitzungen aus verschiedenen Quellen zusammengetragen wird, bereits viele Tendenzen sehr klar zu erkennen. Die meisten Thesen der K100er-Kategorien sind daher durch mehrere Sequenzen aus verschiedenen Datenquellen gestützt.

Eigentlich will ich nach der vollständigen ersten Auswertung des Datenmaterials Mind-Maps erstellen, um Beziehungen zwischen den Kategorien herauszustellen und zu visualisieren. Doch schon während der Auswertung fallen mir Zusammenhänge und Verbindungen auf, sodass ich bereits eine grobe Vorstellung von möglichen Kategorien zweiten Abstraktionsgrades (K200er) entwickle. Daher versuche ich nur tabellarisch, die einzelnen K100er-Kategorien zu gruppieren und dadurch miteinander in Verbindung zu setzen. Diese Tabelle bildet eine Grundlage für die K200er-Kategorien. Erneut reflektiere ich die bisherige Analyse in Hinblick auf die forschungsleitende Heuristik. Bereits während ich die Kategorien des zweiten Abstraktionsgrades herausarbeite, bemerke ich ihre engen Verbindungen und Überschneidungen, die mich schließlich zu der Schlüsselkategorie (K301) führen, die eine ausführliche Antwort auf meine zentrale Forschungsfrage darstellt. Obwohl ich nicht versuche, zwingend nur eine einzige Schlüsselkategorie zu entwickeln, scheint mir diese so mächtig zu sein, dass sie mit allen K200er-Kategorien in Bezug steht und diese ihr untergeordnet sind. Welche Ergebnisse aus dieser Forschung entstanden sind, soll folgend erläutert werden.

7. Präsentation der Befunde

In diesem Teil des Forschungsberichts werden die zentralen Befunde mit den Thesen, die im Zuge der Auswertung entwickelt werden und sich dabei auch auf die forschungsleitende Heuristik beziehen[42], dargestellt sowie teilweise mit Textbelegen aus den analysierten Sequenzen illustriert. Die Rückbezüge auf den Forschungsstand beziehen sich auf die in 4.3 dargestellten Thesen. Einige zentralen Thesen stützen sich außerdem auf die theoretische Basis im dritten und vierten Kapitel.

Zunächst wird auf den aktuellen Standpunkt und die Konzeption des Themas Schäden und Verluste eingegangen: Im Allgemeinen kann hierzu festgehalten werden, dass die Beschlüsse und Regelungen unverbindlich und nicht spezifisch sind sowie Kompensationen ausschließen. Stattdessen zielen sie auf vorbeugende und kooperative Ansätze, die sich im marktwirtschaftlichen Rahmen bewegen. Danach werden verschiedene Positionen im untersuchten Diskurs genauer betrachtet. Hier wird deutlich, dass sich die Industriestaaten bzw. die Annex-II-Staaten grundsätzlich eher blockierend gegen verbindliche Regelungen bei L&D stellen. Im Gegenzug dazu versuchen Staaten(-gruppen) der Dritten Welt, solche Verbindlichkeiten durchzusetzen. Es wird dann festgestellt, dass koloniale Machstrukturen noch immer bzw. auch in der internationalen Klimapolitik deutlich werden. Im Besonderen werden diese auf der Ebene des Wissens deutlich. Aufgrund der Verankerung neokolonialer Strukturen in den Wissensbeständen aller Beteiligten wird sich solche epistemische Gewalt – bei ausbleibender Aufarbeitung – vermutlich weiter reproduzieren. Aber auch auf ökonomischer sowie ökologischer Ebene werden neokoloniale Strukturen voraussichtlich fortdauern: Ökonomische Ausbeutungsverhältnisse werden durch die aktuelle Konzeption nicht ausgeglichen und könnten sogar verstärkt

[42] Dieses Kapitel ist an der forschungsleitenden Fragestellung sowie der Heuristik (vgl. Kap. 2) orientiert. Diese wird hier jedoch aus Gründen der Leserfreundlichkeit sowie der Argumentationslinie nicht vollständig chronologisch und deutlich abgearbeitet. Im Anhang befindet sich deshalb eine Übersicht über die Fragen und Unterfragen der Heuristik mit entweder ausformulierter Antwort oder den entsprechenden Kategorien (Kap. A 2.2). Wenn auch nicht alle K100er-Kategorien aus dem Kategorienschema im Anhang gültige Thesen sind, so stellen die in dieser Heuristik erwähnten Kategorien jedoch den Befund dieser Forschung in Form der generierten Thesen dar. Ferner befinden sich die Kategorien zur intersubjektiven Nachvollziehbarkeit des Forschungsprozesses im Anhang (Kap. A 2.1).

werden. Gleichermaßen findet bei der ökologischen Schuld kein Entgegenwirken statt, sondern sie festigt sich und bleibt daher bestehen.

7.1 Unverbindlichkeit der Beschlüsse

Obwohl das Thema der klimawandelbedingten Schäden und Verluste eine zentrale Rolle im Pariser Klimaabkommen einnimmt, erhält es im Rahmen der Verhandlungen verhältnismäßig wenig Aufmerksamkeit. Wie bereits im Forschungsstand dargestellt, sind die Regelungen im Pariser Abkommen zu L&D unspezifisch und verhindern Kompensationsansprüche (vgl. Calliari et al 2019: 173). Dieses Muster zieht sich auch durch alle folgenden Beschlüsse der Klimakonferenzen nach Paris. Stattdessen zielen sie auf Vorbeugung, Eigenverantwortung, Kooperation, marktbasierte Lösungen und ‚nachhaltige Entwicklung'.

Dass dem Thema – dafür, dass es eine der zentralen Säulen des PA ausmacht – eine relativ geringe Relevanz bei den Verhandlungen zugeschrieben wird, wird daher ersichtlich, dass es beim Leaders-Event der COP 21 in weniger als einem Drittel der Statements – überwiegend von Staatenvertreter*innen der Dritten Welt – erwähnt wurde. Auch erhielt L&D auf der COP 24 bzw. der CMA 1 – der ersten Nachfolgekonferenz des PA – nicht einmal einen eigenen Verhandlungsstrang.

Die Beschlüsse sind durchzogen von vagen, unverbindlichen Formulierungen. Allgemein gibt es keine Verbindlichkeiten oder feste Zusagen von Seiten der Industrieländer. Darüber hinaus werden mit §51, 1/CP.21 auch jegliche Kompensationsansprüche bei Schäden und Verlusten sowie Verbindlichkeiten in diesem Themenfeld für die Industriestaaten ausgeschlossen. In keinem der weiteren Beschlüsse werden Verbindlichkeiten, Kompensationen bzw. Reparationen erwähnt.

Dabei werden Verpflichtungen sowie auch regelmäßige Verhandlungen zu L&D immer wieder von Dritte-Welt-Staaten gefordert. Ich stelle hier die These auf, dass trotz der zentralen Stellung von L&D im PA und dem jahrelangen Beharren der Dritte-Welt-Staaten(-gruppen) verbindliche Regelungen zu L&D nicht durchsetzbar sind. Ich führe dies auf die bereits im Forschungsstand konstatierte geringe Verhandlungsmacht der Dritte-Welt-Staaten zurück (vgl. Calliari et al. 2019: 157). Dies zeigt sich auch bei der COP25 bzw. CMA2 im Dezember 2019: Der §32, 2/CMA.2 sollte in seiner ursprünglichen Version Industriestaaten zur Finanzierung von Schäden und Verlusten verpflichten, enthält aber in seiner Endfassung eine unspezifische Formulierung. Der eigentliche Zweck des Paragraphen, verbindliche Zusagen der

Industriestaaten zur Kompensation von Schäden und Verlusten durchzusetzen, wird hier letztlich verfehlt.

> „We know that previous versions of the text had urged developed countries to scale up their financing to developing countries on Loss and Damage. That Paragraph is now revised to a reference to scale up financing without any reference as to where it comes from. It is important to stress that both the Convention and its Paris Agreement specifically commit developed countries to provide finance and other support to developing countries. This will be our understanding of this paragraph" (Webcast der COP 25; G77+China).

Es zeigt sich: Verbindlichkeiten sind nicht durchsetzbar bzw. ‚konsensfähig', da die Industriestaaten hier nicht zustimmen. Dies führt auch dazu, dass Verbindlichkeit immer weniger auch von Dritte-Welt-Staaten gefordert wird. Stattdessen wird zunehmend auf kooperative Lösungen gesetzt – Lösungen, die sich durchsetzen lassen.

Daher zielt auch die aktuelle Konzeption nicht auf Verbindlichkeiten für Industriestaaten, Verantwortung für eingetretene Schäden und Verluste in betroffenen Staaten zu übernehmen. Stattdessen wird auf Vorbeugung gesetzt. Diese ist nicht nur weniger konfliktbehaftet, sondern kann sogar ökonomisch lukrativ für die Industriestaaten sein, die sich durch die Entwicklung von Technologie, die zu ‚nachhaltiger Entwicklung' und Risikovorsorge dient, neue Märkte sichern können. Ein rein finanzieller Ausgleich von Schäden und Verlusten ist dagegen ökonomisch ein Verlustgeschäft für die Industriestaaten. Vor allem aber muss bei der Vorbeugung von Schäden und Verlusten kein Zusammenhang zu der Verantwortung von Industriestaaten für den Klimawandel und damit auch seine Folgen gezogen werden: Die Kosten bestehen noch nicht und können daher nicht eingeklagt werden. Der vorbeugende Umgang mit Schäden und Verlusten soll auch durch einen gesellschaftlichen Wandel sowie Maßnahmen innerhalb betroffener Länder bewältigt werden. Anstatt der Unterstützung von außen als Wiedergutmachung, sollen sich die Länder selbst dafür vorbereiten und sich möglichst auch gegenseitig unterstützen.

7.2 Positionen im Diskurs

Im Diskurs der internationalen Klimapolitik finden sich verschiedene Positionen. Beispielsweise gibt es von Seiten einiger Dritte-Welt-Staaten konfrontative und imperative Forderungen nach einem starken L&D-Mechanismus und verbindlichen Regelungen. Auch Forderungen nach (Klima-)Gerechtigkeit sowie nach Kompensationen der klimawandelbedingten Schäden und Verluste (Verursacherprinzip) werden geäußert, wie beispielsweise von Antigua und Barbuda:

> „we firmly believe that the industrialized nations have an obligation to our one Earth to provide grant financing to compensate for the damage they have done - and are doing - to our country" (Browne 2015; Antigua und Barbuda).

Meist aber treten die Vertreter*innen nicht konfrontativ und eher kooperativ auf. Entgegen der Kompensationsforderungen gibt es auf Vorbeugung zielende Lösungsvorschläge (Vorsorgeprinzip) anhand von Technologie, Klimaanpassung und ‚nachhaltiger Entwicklung'. Viele Staaten(-gruppen) aus verschiedenen Lagern fordern ein ‚gemeinsames Handeln' und ein Vorgehen in Kooperation. Auch gibt es einige Vorschläge zu marktbasierten Lösungen wie beispielsweise Klimarisikoversicherungen, die vor allem von Industriestaaten befürwortet werden. Beispielsweise behauptet Deutschland, „dass Versicherungslösungen eine verlässliche, dauerhafte, gute Möglichkeit sein können, um Risiken abzufedern" (Merkel 2017; Deutschland). An den Beschlüssen wird ersichtlich, dass sich vorbeugende und marktbasierte Lösungen bisher durchgesetzt haben. Während die Annex-II-Staaten das Thema grundsätzlich eher meiden und Kompensationsforderungen ausweichen oder verhindern, streben Staaten und Staatengruppen der Dritten Welt allgemein einen starken Mechanismus und verbindliche Regelungen zu Schäden und Verlusten an. Bei letzteren kann ein nicht-konfrontatives von einem konfrontativen Auftreten unterschieden werden.

Allgemein können Industriestaaten eher als der bremsende Faktor im Diskurs über klimawandelbedingte Schäden und Verluste identifiziert werden. Die gleiche Beobachtung machen bereits Calliari, Surminski und Mysiak, die eine allgemein ablehnende Haltung der Industriestaaten bezüglich L&D beobachten und feststellen, dass diese eine Bezugnahme auf Entschädigungszahlungen zu vermeiden versuchen (vgl. Calliari et al. 2019: 161f.). Auch im Zuge meiner Analyse zeigt sich, dass sich die Annex-II-Staaten besonders selten zu L&D äußern und allgemein eher blockierend vorgehen. Die ökologische Schuld wird nicht erwähnt, ‚Verantwortung' ist aber dennoch ein Thema. Sie wird jedoch differenziert angewandt: Es wird teilweise eine Verantwortung aufgrund historischer Emissionen (ohne, dass sie zu Verpflichtungen oder Kompensationen führt) identifiziert: „It was us who caused the emissions of the past" (Merkel 2015; Deutschland). Meist wird Verantwortung aber anders interpretiert, was möglicherweise daran liegt, dass damit auch Forderungen gerechtfertigt werden können. Verantwortung wird auch auf die besonderen Kapazitäten und die ‚Entwicklung' der reichen Staaten zurückgeführt. Oft wird sie dann im Sinne einer Führungsrolle bei der Klimawandelbekämpfung interpretiert. Auf das Bild der ‚gemeinsamen Menschheitsverantwortung' wird ebenfalls häufig zurückgegriffen, beispielsweise indem gesagt wird „climate change is one of the greatest threats for all countries and we, at this COP, owe it to future generations to take resolute action on climate change" (Dion 2017; Kanada). Worin sich die Annex-II-Staaten in ihren Vorschlägen zur Begegnung des Themas L&D sowie in ihren Vorstellungen von ‚Verantwortung' bei diesem Thema einig sind, ist, dass daraus niemals Kompensationen der Schäden und Verluste folgen. Stattdessen setzen sie auf Kooperation, Vorbeugung und marktbasierte Lösungen – also genau das, was sich auch in den Beschlüssen widerspiegelt. Ich stelle außerdem die These auf, dass die Industriestaaten bzw. die gemäß der UNFCCC zu Finanzierung verpflichteten Annex-II-Staaten versuchen, weitere Regelungen – insbesondere solche, die mit Verbindlichkeiten oder Kompensationsansprüchen einhergehen – zu L&D zu verhindern. Daher konnten auch verbindliche Regelungen entgegen den konstanten Forderungen der Dritte-Welt-Staaten(-gruppen) bisher nicht durchgesetzt werden. Besonders tun sich bei dem Thema der klimawandelbedingten Schäden und Verluste die USA hervor: Aus Kontextwissen und Forschungsstand ist bekannt, dass es die USA waren, die in besonderer Weise den §51, 1/CP.21, der Verbindlichkeiten und Kompensationsansprüche beim Thema L&D ausschließt, durchsetzten (vgl. Calliari et al. 2019: 169f.). Diese Rolle als Blockierer setzt sich scheinbar fort: Die USA intervenierten in besonderer Weise beim Thema Governance des WIM: Hier geht es darum, ob der WIM unter der Autorität der UNFCCC, von der er 2013 gegründet wurde, steht oder nur im Rahmen von L&D unter der Autorität des PA verbleibt. Dies ist daher relevant, da die Maßnahmen und Regelungen zu L&D im Rahmen dessen gelten, wo sie angesiedelt sind. Da die USA Ende 2020 aus dem Pariser Abkommen austreten, nicht aber aus der Klimarahmenkonvention, versuchen sie nun, die Gültigkeit des WIM und damit mögliche Verbindlichkeiten aus dem Handlungsfeld der UNFCCC auszuschließen, um Verpflichtungen oder Kompensationsansprüche an die USA dauerhaft auszuschließen. Besonders deutlich schildert dies Tuvalu im Rahmen einer Anspielung:

> „During the consultation of the last two weeks, we have had one party, who has been insisting that the Warshaw International Mechanism operates solely under the Paris Agreement. Ironically, or strategically, this party will not be a party to the Paris Agreement in twelve months time. This means, if they get their way with the governance of the WIM, they will wash their hands of any actions to assist countries which have been affected by the impacts of climate change" (Webcast der COP 25; Tuvalu).

Die Entscheidung dieses Themas wurde auf die folgende Klimakonferenz – die COP 26 – verlegt.

Im Gegenzug zu den Industriestaaten fordern die Dritte-Welt-Staaten weitreichende und verbindliche Regelungen zu L&D sowie regelmäßige Verhandlungen dazu. Allgemein setzen sich die Dritte-Welt-Staaten viel stärker für Regelungen zu L&D ein, als es Industriestaaten, die bei diesem Themenfeld fast nur verlieren können, tun. Von ihnen werden deshalb auch Regelungen und Beschlüsse vorangetrieben. Immer wieder bleiben aber auch die expliziten Forderungen nach konkreten Verpflichtungen der Industriestaaten aus – vor allem, wenn die Staaten einen nicht-konfrontativen Kurs fahren und auf Kooperation setzen. Die gleiche Beobachtung machen auch Calliari et al. in ihrer Untersuchung der Verhandlungen: Sie stellen die These auf, dass die Staaten der Dritten Welt auf Wirtschaftspartnerschaften setzen und daher eher auf gegenseitig gewinnbringende Kooperation verweisen (vgl. Calliari et al. 2019: 169). Trotz der allgemeinen Forderung der Dritte-Welt-Staaten(-gruppen) nach Verbindlichkeit scheint es auch eine diplomatische Taktik zu sein, genau dies nicht zu tun. Denn sie sind letztlich auf die Unterstützung der Industriestaaten bei der Bewältigung des Klimawandels sowie auch ökonomisch von diesen abhängig. Konfrontative Forderungen sind nicht ‚konsensfähig' und auf den Klimakonferenzen ist ein Konsens nach dem Einstimmigkeitsprinzip nötig. Es macht daher möglicherweise – und hier stelle ich nur eine mutmaßende These auf, die keinen Befund darstellt – für die Staaten der Dritten Welt Sinn, einen kooperativen Kurs zu fahren – in der Hoffnung, dass sich die Industriestaaten, die sich auf Verbindlichkeiten nicht einlassen, wenigstens kooperativ zeigen. In ähnlichem Kontext sehe ich die Erwähnung bzw. die Vermeidung der Erwähnung von Verantwortung und Schuld: Die Nennung der Verantwortung oder der Schuld der Industriestaaten am Klimawandel erfolgt im Zusammenhang mit der Rechtfertigung von Forderungen. Oft wird dies dennoch nicht angesprochen – stattdessen wird weniger vorwurfsvoll vorgegangen. Überraschend selten wird im untersuchten Diskurs danach gefragt, was überhaupt gerecht wäre. Vor allem Industriestaaten meiden dieses Thema strikt. Aber auch Dritte-Welt-Staaten erwähnen es nicht oft. Forderungen werden meist nicht mit Gerechtigkeit in Verbindung gebracht, sondern stattdessen zum Beispiel mit dem gemeinsamen Interesse aller Staaten. Die Zusage von Unterstützungen wird dann meist als solidarische Handlung dargestellt. Wenn Gerechtigkeit erwähnt wird, dann oft im Sinne intergenerationaler Gerechtigkeit. Außerdem mache ich die Beobachtung, dass die Frage der Gerechtigkeit nach der Konferenz in Paris deutlich seltener gestellt wird. Doch stellt dies nur eine vorläufige These und keinen Befund dar, da das ausgewählte Textmaterial nicht hinreichend zur Beantwortung dieser Frage ist und auch nicht darauf hin ausgewählt wird. Eine mögliche Erklärung dafür ist, dass nach Paris der Rahmen festgelegt ist und dies den Handlungsspielraum und damit auch Forderungen eingrenzt: Mit dem Übereinkommen von Paris wurde vielleicht deutlich, dass die meist unverbindlich gehaltenen Regelungen nicht auf Klimagerechtigkeit zielen – und diese auch gegen die Industriestaaten nicht einfach durchzusetzen wäre.

Bei der Betrachtung der Staatengruppen fällt auf, dass allgemein alle diejenigen, die ich der Dritten Welt zuordne, hinter dem Thema L&D stehen und weitere – möglichst verbindliche – Regelungen befürworten. Die AOSIS zeigen sich allgemein nicht-konfrontativ. Sie treten positiv gesinnt auf und wollen als gutes Beispiel voran gehen: „I can assure you that SIDS have been and will remain the vanguard of climate action and the benchmark of ambition" (Figueroa 2019; AOSIS). Klimawandelbekämpfung sehen sie als ‚gemeinsames Menschheitsinteresse', verweisen aber auch auf den Grundsatz der ‚gemeinsamen, aber unterschiedlichen Verantwortlichkeiten und Fähigkeiten' und die verschiedenen nationalen Umstände – ohne fordernd zu sein. Bei der Betrachtung der AGN entwirft sich ein differenzierteres Bild: Die Staatengruppe tritt beim Pariser Klimagipfel 2015 noch stark konfrontativ und fordernd auf. Sie fordern finanzielle Ressourcen von den Industriestaaten und setzen Gerechtigkeit als zentralen Maßstab: „Equity is central to achieving ambition" (Fahmy 2015; AGN). Bereits ein Jahr später wandelt sich die Verhandlungsstrategie: Auf der COP 22 wird eine „neue Klimadiplomatie" verkündet, die nicht mehr konfrontativ ist. Ähnlich wie die AOSIS wollen die AGN nunmehr selbst als gutes Beispiel voran gehen und auf Partnerschaften und Kooperation anstatt auf Kompensation zielen:

> „All diese Bemühungen sind Teil der „neuen Klimadiplomatie" des Kontinents; Dieser soll mit gutem Beispiel vorangehen, konkrete Partnerschaften aufbauen und den multilateralen Prozess relevanter machen" (Issoufou 2016; AGN; Übers. LR).

Auch dies bestätigt meine These, dass die nicht-konfrontative Verhandlungsstrategie mehr Erfolg zu versprechen scheint oder zumindest ‚Partnerschaften' nicht verbaut und dass die Staaten(-gruppen) der Dritten Welt – vor allem in der Zeit nach Paris – immer weniger fordernd auftreten. Allgemein kann basierend auf dem gewählten Datenmaterial über die Staatengruppen der Dritten Welt gesagt werden, dass keine beim Thema L&D einen durchgehend abweichenden und herausragenden Kurs fährt. Insbesondere nach Paris haben sich die Verhandlungsstrategien einer konsensfähigen kooperativen Haltung angenähert. Da aber nicht alle Staatengruppen der Dritten Welt hier im Detail betrachtet werden, wäre hier eine weiterführende Untersuchung, die diesen Aspekt noch genauer beleuchtet, möglich.

7.3 Fortdauern kolonialer Machtstrukturen

Es wird deutlich, dass Industriestaaten die deutlich mächtigere Position im Diskurs der internationalen Klimapolitik einnehmen. Von ihrem politischen Willen hängt die Durchsetzung von Beschlüssen ab – das ist auch der Grund, weshalb es keine verbindlichen Regelungen und Kompensationsansprüche zu L&D gibt. Stattdessen können nur Regelungen zu Vorbeugung und Ermutigungen zur freiwilligen Kooperation durchgesetzt werden. Der Kolonialismus und die ökologische Schuld werden im Diskurs nicht aufgearbeitet und ihnen wird nicht entgegnet. Auch das Thema der Gerechtigkeit wird gemieden. Die Industriestaaten setzen Maßstäbe und die Möglichkeiten des Machbaren: Deshalb wird auf marktbasierte Lösungen gesetzt, die sich mit neokolonialen Projekten wie der ‚Entwicklung' vereinbaren lassen.

Die Industriestaaten nehmen eine ‚Führungsrolle' bei der Klimawandelbekämpfung ein. Sie sind damit nicht nur diejenigen, die am meisten Emissionen einsparen sollen (und dennoch immer noch verhältnismäßig am meisten Emissionen ausstoßen und ausgestoßen haben (vgl. Edenhofer, Jakob 2019: 23f.)), sondern sie geben auch den Ton und die Richtung bei der Klimawandelbekämpfung an: Denn, um erfolgreich zu sein, ist die Milderung des Klimawandels von ihrer Kooperation abhängig. Die im untersuchten Diskurs debattierten Themenstellungen hängen nicht von der Möglichkeit ihrer Verwirklichung ab, sondern vom politischen Willen der Industriestaaten. Dies wird in mehreren Sequenzen deutlich. Beispielsweise lässt sich aus dem Appell von Uganda auf die Verhandlungsmacht der Industriestaaten, von welchen Entscheidungen abhängig sind, schließen:

> „We call upon developed countries to demonstrate the necessary political will to ensure that issues critical to developing countries (…) are addressed in the expected Instrument in a comprehensive and balanced manner" (Ssekandi 2015; Uganda).

Besonders direkt wird die Vormachtstellung der Industriestaaten im folgenden Beispiel angegriffen:

> „Why don't we do what is obvious? Even more so, why do we do exactly the opposite? Because the problem is not technical, it's political. (…) There is nothing that justifies it, only power" (Correa 2015; Ecuador).

Aufgrund dessen ist es nicht möglich, verbindliche Regelungen zu L&D durchzusetzen und letztlich ist es auch das Machtverhältnis zwischen wohlhabenden und armen Staaten, das die Nichtkompensation von klimawandelbedingten Schäden und Verlusten rechtfertigt.

Reiche Staaten sind mächtiger als arme Staaten, und zwar so viel mächtiger, dass sie letztlich über die Gesetze der Gerechtigkeit herrschen: Westliche Maßstäbe von ‚Gerechtigkeit' und ‚Zivilisation' gelten für die Vorteile der reichen Nationen – und sie gelten nur dann. Denn der Westen bestimmt, was gerecht ist und wann Gerechtigkeit gilt. Klimagerechtigkeit ist daher nicht einfach umsetzbar, weil sie den Schwächeren Recht geben würde. Daher wird Gerechtigkeit in keinem der Beschlüsse zu L&D erwähnt. Auch wird Gerechtigkeit nicht als Grundwert genannt: Bei der Definition von zugrundeliegenden Grundwerten in der Vorrede zum Beschluss 2/CMA.2 wird Gerechtigkeit (als grundsätzliches Prinzip sowie zwischen den Staaten) nicht erwähnt. Die Staaten haben Verpflichtungen zur Achtung der Menschenrechte allgemein sowie des Rechts auf Gesundheit. Auch müssen sie die Rechte von Indigenen, lokalen Gemeinschaften, Kindern, Menschen mit

Behinderung und Menschen in vulnerablen Situationen sicherstellen. Darüber hinaus gibt es ein Recht auf ‚Entwicklung', Geschlechtergerechtigkeit, die Ermächtigung von Frauen sowie intergenerationale Gerechtigkeit (vgl. 2/CMA.2). Die genannten Grundrechte sollen hier nicht hinterfragt werden, es bleibt jedoch festzustellen: Ein Recht auf Gerechtigkeit (zwischen den Staaten) gibt es demnach nicht. Dagegen stelle ich die These auf, dass die Bekämpfung des Klimawandels sowie insbesondere der Umgang mit Schäden und Verlusten genuin auch Gerechtigkeitsfragen (und damit auch Machtfragen) sind. Beispielhaft erläutern es Antigua und Barbuda: Kleine Staaten können den „damage being done to us by others" (Browne 2015; Antigua und Barbuda) nicht bewältigen. Der Klimawandel ist ein Gerechtigkeitsproblem, wird aber in den Beschlüssen wie auch den Debatten vorwiegend als Menschheitsproblem dargestellt.

Die im untersuchten Diskurs geltenden Werte und Maßstäbe wie ‚Gerechtigkeit', ‚Zivilisation' und ‚Entwicklung' werden von den westlichen Industriestaaten gesetzt und definiert. Neben der Tatsache, dass die genannten Werte und Maßstäbe nach westlicher ‚Logik' bestimmt sind und damit tendenziell auch eher westliche Interessen bevorzugen, werden sie auch zum Nutzen dieser Staaten eingesetzt oder eben nicht eingesetzt. Im untersuchten Diskurs stehen die Werte ‚Nachhaltigkeit' und ‚Entwicklung' – beide nach westlicher Definition, das heißt eng an die Marktwirtschaft geknüpft – im Vordergrund. Eher hintergründig sind dagegen die in anderen Diskursen vertretenen westlichen ‚Werte' wie ‚Zivilisation' und ‚Demokratie'. Insbesondere der Begriff der ‚Entwicklung' wird im untersuchten Diskurs unhinterfragt verwendet. Westliches Wissen über die Bewältigung des Klimawandels wird als besonders legitimes Wissen anerkannt: Daher werden westliche Ansätze wie Technologieentwicklung, ‚nachhaltige Entwicklung' und die ‚Grüne Ökonomie' auch in den Beschlüssen verfolgt und bilden die zentralen Ziele – auch der nicht-westlichen Staaten: „Therefore, in compensation for this loss in income, we should develop the green economy in developing countries" (Chan-o-cha 2015; Thailand). Hier lässt sich eine Parallele zu den Forschungsergebnissen von Bauriedl ziehen: Sie erkennt eine starke Verankerung des – westlichen – Wachstums- und Wohlstandsversprechens im Diskurs der internationalen Klimapolitik und eine Betrachtung der Natur als reparierbar (vgl. Bauriedl 2016: 346). In diesem Rahmen sieht sie auch die Reaktionen auf den Klimawandel, die vor allem auf marktorientierte Instrumente, Technologieentwicklung und -transfer sowie ‚nachhaltige Entwicklung' setzen (vgl.

ebd.). Durch die Zielsetzungen der ‚nachhaltigen Entwicklung' und der ‚Grünen Ökonomie' sollen zum Zweck des Klimaschutzes ökonomisches Wachstum und Nachhaltigkeit vereint werden. Das Konzept der ‚Entwicklung', das auf ökonomisches Wachstum zielt, wird hier nicht abgelegt, obwohl ökonomisches Wachstum mit Umweltzerstörung einhergeht: Es soll nunmehr mit Nachhaltigkeit versöhnt werden – im Rahmen der ‚nachhaltigen Entwicklung' oder der ‚Grünen Ökonomie'. Dietz und Engels erkennen in ihrer Untersuchung ebenfalls, dass Marktwirtschaft, Wachstum und Konsum im Diskurs der internationalen Klimapolitik nicht hinterfragt werden und daher in Konzepten der ‚nachhaltigen Entwicklung' oder der ‚Grünen Ökonomie' mit Nachhaltigkeit verbunden werden sollen (vgl. Dietz, Engels 2015: 5f.). Dritte-Welt-Staaten sollen sich hier sauber ‚entwickeln', damit sie nicht selbst zu Verschmutzern werden und zu einer weiteren Verstärkung des Klimawandels beitragen – während die Emissionen der Industriestaaten noch immer steigend sind (vgl. Edenhofer, Jakob 2019: 23f.). Auch liegt dem Diskurs die Überzeugung zugrunde, dass ökonomisches Wachstum und Nachhaltigkeit vereinbar sind. Dieses Wissen wird hier nicht weiter hinterfragt.

7.4 Wie wird Macht auf der Ebene des Wissens durchgesetzt und deutlich? Epistemische Gewalt im Diskurs

Über die bereits angesprochenen Wissensstrukturen, welche das Fortdauern kolonialer Machtverhältnisse stützen, hinaus gibt es noch weitere Formen der epistemischen Gewalt in diesem Diskurs, die mit neokolonialen Strukturen einhergehen und solche Machtverhältnisse reproduzieren. Dazu zählt nicht nur genuin neokoloniales Wissen, das dazu dient, die Interessen der Industriestaaten durchzusetzen – wie beispielsweise das, das mit dem Konstrukt der ‚Entwicklung' einhergeht. Vielmehr beobachte ich hier auch solche Wissens-Verhältnisse, die neokoloniale Verhältnisse ganz speziell im Diskurs der internationalen Klimapolitik zu stützen scheinen.

Zunächst ist festzustellen, dass der Entwicklungsbegriff im untersuchten Diskurs unhinterfragt verwendet wird. Da die Bezeichnung als ‚Entwicklungsländer' nicht nur in den Debatten, sondern auch in den Beschlüssen verwendet wird, schließe ich darauf, dass sie im Diskurs nicht weiter hinterfragt wird und darüber hinaus, dass sie eine gewisse Objektivität ausstrahlt bzw. als objektive Bezeichnung gilt. Auch die Staaten(-vertreter*innen) der Dritten Welt, die beispielsweise in den Beschlüssen und von Industriestaaten als ‚Entwicklungsländer' bezeichnet werden, nutzen den Begriff ‚Entwicklungsland' als Selbstbezeichnung. Genauso identifiziere ich das Ziel der ‚Entwicklung' als unhinterfragt und anerkannt von allen Seiten, beispielsweise wenn ein ‚Recht auf Entwicklung' (vgl. 2/CMA.2) formuliert wird oder Dritte-Welt-Staaten ökonomisches Wachstum bzw. ‚Entwicklung' als Ziel formulieren: „The agreement should be cognizant of the needs of the developing countries in pursuit of economic growth and development" (Sharif 2015; Pakistan). Mit dem Begriff der ‚Entwicklung' ist das westliche Verständnis davon – nämlich verbunden mit ökonomischem Wachstum – gemeint. Die westliche Moderne wird durch die unhinterfragte Anwendung des Begriffs sowie die Zielformulierung von ‚Entwicklung' im Sinne der westlichen ökonomischen Entwicklung als universal und alternativlos konstruiert. Jenseits von der Selbstbezeichnung als ‚Entwicklungsland' oder der als alternativlos formulierten Zielsetzung der ‚Entwicklung' liegt auch eine ökonomische Logik bei der Genehmigung von Finanzmitteln zugrunde. Beispielsweise kritisieren die Bahamas, dass Finanzmittel auch nach BIP/BNE pro Kopf vergeben werden, was ökonomisch besonders schwachen Ländern mit niedriger Wachstumsrate schadet:

> „We deplore the continued use of Gross Domestic Product/Gross National Income per capita as the main component in determining the access that The Bahamas and other SIDS have to financial resources for our adaptation needs" (Christie 2015; Bahamas).

Es kann hier von einem Entwicklungszwang gesprochen werden, der mithilfe ökonomischer Anreize durchgesetzt wird. Neben dieser ökonomisch durchgesetzten Gewalt wird mit dem Begriff der ‚Entwicklung' auch epistemische Gewalt ausgeübt. Wie in Kapitel 3.3.2 geschildert, wird auch in diesem Diskurs der Begriff der ‚Entwicklung' unhinterfragt verwendet. Durch die andauernde und unreflektierte Verwendung des Entwicklungsbegriffes sowie seiner scheinbaren Objektivität wird diese Form der epistemischen Gewalt nicht nur ausgeübt, sondern setzt sich fort: Von mir als neokolonial gedeutete Sprachmuster reproduzieren sich. Insbesondere die Sprache, die in den Beschlüssen verwendet wird, ist nicht nur sehr repräsentativ für den Diskurs allgemein, sondern beeinflusst auch die darauffolgend verwendeten Sprachmuster und das Wissen, das in diesem Diskurs als objektiv gilt. Bei all dem Reden über ‚Entwicklung' bleibt ein Thema aus: Die Frage, weshalb manche Staaten weniger ‚entwickelt' sind als andere. Durch eine solche Reflexion könnten Machtstrukturen offengelegt werden, die seit dem

Kolonialismus andauern. Auch Kolonialismus, Neokolonialismus und Imperialismus werden in keiner Weise erwähnt. Zwar sind diese nicht direkt mit der Klimapolitik verbunden, doch sie bestimmen das Machtverhältnis und heutige Ungleichheitsstrukturen zwischen den Staaten. Auch gibt es einen Zusammenhang mit der Umweltzerstörung und dem Klimawandel. Zwar wird vereinzelt die ökologische Schuld genannt, niemals aber ein Zusammenhang mit Kolonialismus oder Imperialismus sowie neokolonialen Strukturen. Das Thema wird in diesem Diskurs nicht erwähnt, obwohl es die Beziehung zwischen den Staaten bestimmt und auch im Zusammenhang mit Kompensationsforderungen an die Industriestaaten argumentativ unterstützend wäre.

Sowohl durch die Verwendung des Entwicklungsbegriffes als auch durch die Selbstbezeichnung als ‚Entwicklungsland' sowie durch Übernahme der Erzählungen der Ersten Welt über den Klimawandel wird ersichtlich, dass im untersuchten Diskurs die einst kolonisierten Staaten selbst die Sprache der ehemaligen Kolonialmächte übernommen haben. Auch die Staaten und Staatengruppen, die ich der Dritten Welt zuordne, reproduzieren somit in ihrer Sprache Muster, die ich neokolonial nenne. Sie sind dadurch Koproduzent*innen solchen Wissens. Durch die Zielsetzung von ökonomischem Wachstum und ‚Entwicklung' wird die westliche Moderne als universale Entwicklung konstruiert – als einzig denkbare Zukunft – und das durch die postkolonialen Staaten selbst.

Im untersuchten Diskurs finden sich binäre Zuschreibungen, die das vorhandene Machtverhältnis auf epistemischer Ebene festigen und reproduzieren. Als solche Macht-Wissens-Verhältnisse stützend verstehe ich westliche Einteilungsmuster.[43] Eine stark vertretene binäre Zuschreibung nach westlichen Maßstäben ist die der ‚entwickelten' im Gegensatz zu ‚unterentwickelten' Ländern. Sie ist wie der Entwicklungsbegriff allgemein sehr stark im Diskurs vertreten und anerkannt. Weiter ist die Unterscheidung der großen Ökonomie in Gegenüberstellung zur kleinen Ökonomie vorhanden: „All nations, big and small economies, developing and industrialized nations are committed to tackle climate change" (Faymann 2015; Österreich). Und dies ist nicht anklagend gemeint, sondern soll die Erzählung der Solidarität der großen

[43] Wenn einteilende Zuschreibungen dagegen aktiv genutzt werden, um strukturelle Machtverhältnisse sichtbar zu machen (beispielsweisemarxistische Klassenbegriffe sowie der Begriff der ‚Dritten Welt', vgl. Fußnote 1), haben diese Zuschreibungen ein herrschaftskritisches Potential, das ich als positiv bewerte.

Ökonomien untermauern. Dadurch wirkt diese binäre Zuschreibung hier abwertend.

Weitere Formen der epistemischen Gewalt finden sich auch in der Darstellung des Klimawandels sowie der Beschreibung der Klimawandelbekämpfung. Von Industriestaaten wird der Klimawandel vielfach als eine Katastrophe, als ein Naturphänomen, als Unfall dargestellt. Er sei unkontrollierbar sowie unvorhersehbar und komme als eine solche Bedrohung auf ‚uns alle' zu. Ähnliche Beschreibungen des Klimawandels als Unfall (vgl. Bauriedl 2016: 346) bzw. als „apokalyptische und unkalkulierbare Bedrohung" (Dietz, Engels 2015: 6) werden auch bei den im Forschungsstand dargestellten Untersuchungen des Diskurses der internationalen Klimapolitik insgesamt beobachtet. Eine solche Darstellung des Klimawandels lenkt davon ab, dass er bereits seit einiger Zeit prognostiziert wurde (vgl. u.a. Meadows et al. 1972) sowie, dass er insbesondere von den Industriestaaten verursacht wurde und weiter verstärkt wird. Eine solche Erzählung lenkt ab von dieser Schuld der Industriestaaten, indem sie verdeutlicht, dass der Klimawandel und die Folgen möglichen Fehlverhaltens unvorhersehbar waren und daher das Fehlverhalten auch nicht belangbar ist. Auf diese Weise wird der Klimawandel auch erneut wie ein Menschheitsproblem und nicht als Gerechtigkeitsproblem behandelt. Die Klimawandelbekämpfung der Industriestaaten wird nach ihrer Darstellung nicht aus Schuld oder Verantwortung, sondern aus Wohltätigkeit und Solidarität gegenüber vulnerablen Staaten betrieben. Die Maßnahmen werden als selbstlos und solidarisch dargestellt, nicht als Wiedergutmachung für die Verursachung des Klimawandels. Im Gegenzug wird von den Dritte-Welt-Staaten teilweise auch selbst internationale Solidarität aus Großzügigkeit (wie unter ‚Brüdern'), nicht aber wegen der Gerechtigkeit (wie es bei einem Anwalt der Fall wäre), gefordert:

> „Wir kommen jedoch nicht als Anwalt oder Bettler hierher, sondern als verantwortungsbewusste Menschen, die davon überzeugt sind, dass wir zu einer Menschheit gehören, in der jeder Mann ein Bruder ist" (Bongo Ondimba 2017; CAHOSCC; Übers. LR).

Auch werden die Dritte-Welt-Staaten im Diskurs der internationalen Klimapolitik oft als Opfer oder Hilfsbedürftige und nicht als ebenbürtige, gleichwertig souveräne Partnerstaaten auf Augenhöhe dargestellt: Die Platzierung als „deserving objects of charity from the developed world" (Mugabe 2015; Simbabwe) anstatt als Partner ist eine Form der epistemischen Gewalt: Die Staaten werden als handlungsunfähige

Opfer stilisiert, denen zu ‚helfen' eine Wohltat, nicht aber ihr rechtlicher Anspruch ist. Anstatt als mündige Entscheidungsträger*innen werden die Dritte-Welt-Staaten(-vertreter*innen) als passive Empfänger*innen von ‚Hilfe' – als handlungsunfähige Hilfsbedürftige – behandelt. Hier bestätigt sich, dass solche Subjektplatzierungen, die Danielzik und Bendix in Entwicklungsdiskursen beobachten (vgl. Danielzik, Bendix 2016: 279), auch im Diskurs der internationalen Klimapolitik zu finden sind. Die Forderungen sowie auch die Position der Staaten (-vertreter*innen) aus der Dritten Welt werden also im untersuchten Diskurs herabgewürdigt: Die Forderungen von Seiten der Dritte-Welt-Staaten, die im untersuchten Diskurs an die Industriestaaten gestellt werden, werden abgewertet, indem die Dritte-Welt-Staaten beispielsweise als ‚Anwalt' bei Forderungen nach Gerechtigkeit oder als ‚Bettler' bei Forderungen nach Finanzen behandelt werden. Die Position der Vertreter*innen der Dritten Welt sowie die Forderungen werden somit im Diskurs der internationalen Klimapolitik abgewertet.

Im Gegenzug zur Schuld der Industriestaaten wegen der historischen Emissionen und damit der Schuld am Klimawandel gibt es auch eine ‚Schuld' der Dritte-Welt-Staaten, die diesen Diskurs beeinflusst. Diese liegt auf der finanziellen Ebene und schwächt die Position der Staaten auch im Rahmen der internationalen Klimapolitik stark. Diese finanzielle Schuld wird anders gewichtet als die ökologische Schuld der Industriestaaten:

> "The rich world owes a debt to the countries of the South for the plundering of natural resources, bio-piracy, climate change and environmental services provided by our Amazon forest. In turn, the nations of the South have a financial debt with the rich world. The need of foreign currency to service the financial debt increases the extraction of natural resources, to turn them into exports, generating huge social and environmental costs. The environmental debt, in the meantime, continues, not only in emissions of CO2, but also in the continued production of technological waste, due to programmed obsolescence" (Correa 2015; Ecuador).

Darüber hinaus werden die Staaten der Dritten Welt auch, wie dargestellt, als Hilfsbedürftige oder Bettler konstruiert, die die solidarischen Leistungen und Kooperationsangebote der Industriestaaten erhalten und von diesen in ihrer ‚nachhaltigen Entwicklung' aus Wohltätigkeit unterstützt werden. Auch aus dieser Perspektive wird eine Schuldnerposition entworfen.

7.5 Reproduktion ökonomischer Ausbeutungsverhältnisse und Ungleichheiten

Die gegenwärtige Konzeption läuft auf das Fortdauern kapitalistischer Ausbeutungsstrukturen und Ungleichheitsverhältnisse hinaus. Dies geschieht beispielsweise durch die Konzeptionen der ‚nachhaltigen Entwicklung' und damit dem Festhalten an ‚Entwicklung'. Dass der Markt im Diskurs der internationalen Klimapolitik als zentrale Steuerungsinstanz dienen soll, zeigen Dietz und Engels. Sie heben auch hervor, dass die sozialen Fragen hinter den wirtschaftlichen Fragen stark zurückgedrängt werden (vgl. Dietz, Engels 2015: 6f.). Auch durch die Schaffung neuer Märkte und Abhängigkeiten – beispielsweise durch marktbasierte Versicherungssysteme – können ökonomische Ungleichheitsverhältnisse verstärkt werden. Im Rahmen der ‚nachhaltigen Entwicklung' wird am ökonomischen Machtverhältnis festgehalten. Durch das Festhalten am kapitalistischen Modell der ‚Entwicklung' – trotz seiner umstrittenen Vereinbarkeit mit Umweltschutz (vgl. u.a. Meadows et al. 1972, Santarius 2013 sowie Weizsäcker et al. 2017) – bleiben die ökonomischen Macht- und Ausbeutungsstrukturen erhalten. An der ökonomischen Ungleichheit wird nicht gerüttelt. Ferner bleiben die Dritte-Welt-Staaten durch die Schaffung neuer Märkte der Industriestaaten – beispielsweise durch Technologieentwicklung, die ‚nachhaltige Entwicklung' unterstützen soll, oder Versicherungssysteme – in einer ökonomischen Abhängigkeit von den Produkten der Industriestaaten, um die Ziele ‚Entwicklung' und Klimaschutz zu verwirklichen sowie die Risiken durch den Klimawandel abzuwenden. Aktuell setzt sich der Ansatz der Versicherung gegen klimawandelbedingte Schäden und Verluste als eine zentrale Bewältigungsmöglichkeit durch. Die Selbstversicherung der Betroffenen führt zu einer Festigung bestehender Ungleichheitsstrukturen: Es gibt keinen Ausgleich für die Verschmutzung der Industrieländer sowie die Verursachung des Klimawandels und den damit verbundenen Schäden und Verlusten, da die Betroffenen selbst für den Schaden aufkommen: „existing insurance structures are inadequate and often rely on legalisms which deny legitimate claims" (Christie 2015; Bahamas). Insbesondere der von Deutschland und den G20 initiierte Versicherungsansatz InsuResilience ist sehr marktwirtschaftlich ausgerichtet und stellt keineswegs eine Kompensation bzw. eine (nach Maßgaben der Klimagerechtigkeit) gerechte Lösung dar, da sich die Betroffenen selbst versichern und dies die Verantwortung von den Industriestaaten auf die betroffenen Länder und Menschen verlagert, die am wenigsten Schuld am Klimawandel tragen und durch die

Versicherungen wiederum in soziale Verwerfungen geraten können (vgl. Schumacher 2016: 17ff. sowie Kap. 4.2). Am meisten profitieren von Klimarisikoversicherungen die privatwirtschaftlichen Versicherungen, für die sich ein großer Markt erschließt. Aber auch für die Industriestaaten, die den Klimawandel durch ihre Art des Wirtschaftens verursacht haben und weiter verschärfen, ist die Versicherungslösung von Vorteil. Durch die Selbstversicherung der Betroffenen weicht eine mögliche Forderung nach Kompensationen der Eigenverantwortung der Betroffenen.

Auch die Regelungen zu L&D zielen auf freiwillige Kooperation und Kollaboration bei der Bewältigung von Schäden und Verlusten. Statt einem Kompensationsanspruch erhalten hier die Dritte-Welt-Staaten die Gelegenheit zu neuen Abhängigkeitsverhältnissen. Durch eine Kooperation, die das bestehende Ungleichheitsverhältnis nicht ausgleicht, sondern darauf aufbaut, werden existierende Abhängigkeits- und Ungleichheitsverhältnisse nicht aufgehoben bzw. werden gefestigt. Auch durch das Setzen auf Eigenverantwortung beim Umgang mit Schäden und Verlusten werden bestehende Ungleichheitsstrukturen nicht ausgeglichen, sondern tendenziell eher intensiviert.

7.6 Fortdauern und Verschärfung ökologischer Schuld und Ungleichheit

Die aktuelle Konzeption läuft außerdem nicht auf einen Ausgleich der ökologischen Schuld hinaus. In den Debatten wird das Thema Schuld eher gemieden. In allen Beschlüssen zu L&D seit dem Paris-Abkommen werden Schuld und Verantwortung nie angesprochen. Sie scheinen zentrale ‚Kampfschauplätze' zu sein, in denen bisher die Industriestaaten die mächtigere Position einnehmen. Wenn die ökologische Schuld an Naturzerstörung und Klimawandel direkt genannt wird, dann ist sie wie im folgenden Beispiel mit einer starken Anklage und Forderungen verbunden:

> „However, there is also an environmental debt that must be paid, although, and most importantly, we must prevent it from continuing to grow. (…) Nothing justifies the fact that we have courts that protect investments and force us to pay financial debts, but not to protect nature and force those who violate it to pay environmental debts" (Correa 2015; Ecuador).

Allgemein wird das Thema Schuld aber selten aufgegriffen und wenn, dann von Dritte-Welt-Staaten. Doch sowohl von den Industriestaaten wie auch von den Dritte-Welt-Staaten wird das Thema Schuld (vor allem in der direkten Erwähnung) gemieden. Bei den ersteren liegt es möglicherweise daran, dass sie selbst die Schuldigen am Klimawandel sind und sie Forderungen und Verpflichtungen verhindern wollen. Sowohl Industriestaaten wie auch Dritte-Welt-Staaten greifen – falls das Thema angesprochen wird – eher auf den Begriff der ‚Verantwortung' zurück. Zumeist geht die Zuschreibung von Verantwortung im untersuchten Diskurs auf die historischen Emissionen zurück: „This group believes that, based on the Convention, developed countries have a responsibility for historical emissions and for the impact of climate change" (Webcast der COP 25; LMDCs). Dies ist auch gemeint mit dem Grundsatz der UNFCCC sowie des PA, auf den immer wieder – von den Dritte-Welt-Staaten – verwiesen wird, dass nach den „gemeinsamen, aber unterschiedlichen Verantwortlichkeiten und ihren jeweiligen Fähigkeiten" (Art. 3, Abs. 1, UNFCCC) gehandelt werden soll. Dies ist bei den Formulierungen der Dritte-Welt-Staatengruppen oft, aber nicht immer mit Forderungen verbunden. Die historische Verantwortung ist eine Schuld, die wieder gut gemacht werden muss. Von den Industriestaaten, aber auch von Dritte-Welt-Staaten wird diese Verantwortung oft im Sinne einer ‚Führungsrolle' und nicht im Zusammenhang mit Verbindlichkeiten dargestellt: „Fair means that the industrialised countries have to play a leading role as regards the development of decarbonisation technologies" (Merkel 2015; Deutschland). Teilweise wird sie statt auf die historischen Emissionen auf die besonderen Kapazitäten bzw. die ‚Entwicklung' des entsprechenden Landes zurückgeführt: „Canada must show full solidarity toward small island developing states because Canada is a country with a great capacity for action" (Dion 2017; Kanada). Eine andere Erzählung, die oft vertreten ist, ist diejenige von der ‚gemeinsamen Verantwortung', die ‚gemeinsame Erde' zu retten und den von der ‚Menschheit' verursachten Klimawandel abzuwenden. Dabei wird auch auf die Vorstellung, wir säßen alle in ‚einem Boot' (vgl. dazu Ziai 2006: 95 sowie Kap. 3.3.3) zurückgegriffen. Die Vorstellung eines gemeinsamen Menschheitsinteresses ist auch eine Form epistemischer Gewalt, da sie allen Menschen ihr Interesse vorgibt, ohne danach gefragt zu haben sowie zum einen die Schuld der Industriestaaten und zum anderen auch allgemein Macht- und Ausbeutungsverhältnisse verschleiert. Vielleicht leiden alle unter dem Klimawandel, doch alle auf ihre Weise und alle haben unterschiedliche – oder eben kaum – Ressourcen, um diese Folgen abzuwenden. Außerdem sind für dieses – verschieden ausgeprägte – Leiden aller im

Verhältnis nur wenige verantwortlich. Dieses Bild wird sowohl von Industriestaaten wie auch von Dritte-Welt-Staaten verwendet und ist auch in den Beschlüssen vertreten, in denen der Klimawandel als „common concern of humankind" (2/CMA.2) bezeichnet wird.

Letztlich läuft die gesamte Konzeption von L&D darauf hinaus, dass die ökologische Schuld der Industriestaaten nicht ausgeglichen wird und zudem ökonomische Ausbeutungsverhältnisse und Ungleichheiten reproduziert werden. Im Zusammenspiel mit der epistemischen Gewalt im untersuchten Diskurs, die tief im Wissensbestand verankert ist und beispielsweise über Sprechakte weiter reproduziert wird, werden die zugrundeliegenden Machtverhältnisse also auf mehreren Ebenen im Rahmen der internationalen Klimapolitik gefestigt und dauern damit weiter an. Die folgende Grafik soll diesen Zusammenhang schematisch darstellen:

Abb. 1: neokoloniale Machtverhältnisse im Diskurs der internationalen Klimapolitik (© Lea Rahman)

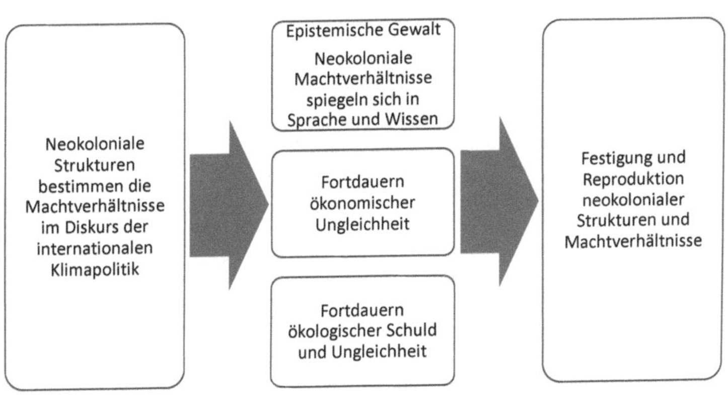

Im Diskurs dauern koloniale Machstrukturen weiter an, die sich nicht nur auf der Ebene der Durchsetzungs- und Verhinderungskraft der Industriestaaten, sondern auch auf der Ebene des Wissens zeigt. Auch wenn die internationale Klimapolitik sowie insbesondere der Mechanismus und die Regelungen zu Schäden und Verlusten auf den ersten Blick also der Dritten Welt dienlich sein mögen, so entwirft sich bei einem diskursanalytischen Blick aus der postkolonialen Perspektive ein weitaus differenzierteres Bild: Neokoloniale Strukturen sind auch in diesem Diskurs deutlich erkennbar und daher ist eine Dekolonisation der internationalen Klimapolitik dringend notwendig. Um dies voranzutreiben, muss vor allem die Tatsache von ökonomischen und ökologischen Macht- und Ungleichheitsverhältnissen historisch kontextualisiert und vor dem Hintergrund kolonialer Strukturen auf materieller Ebene, aber im Besonderen auch auf der Ebene des Wissens reflektiert werden.

8. Fazit

Zum Schluss sollen die zentralen Befunde zusammengefasst und zugespitzt werden. Danach wird ein Überblick über die Arbeit gegeben und abschließende Thesen werden mit einem Ausblick verknüpft.

In dieser diskursanalytischen Untersuchung wird deutlich, dass in der internationalen Klimapolitik Strukturen, die ich als neokolonial identifiziere, noch immer fortdauern und sich hier auch weiter reproduzieren. Zunächst muss festgestellt werden, dass Machtverhältnisse im untersuchten Diskurs und speziell beim Themenfeld der klimawandelbedingten Schäden und Verluste klar hervortreten. Die Industriestaaten nehmen hier eine deutliche Vormachtstellung ein. Von ihrem politischen Willen hängt die Durchsetzung von Regelungen ab. Daher bleiben die Beschlüsse zu L&D, die im Rahmen des Pariser Klimaabkommens und den nachfolgenden Konferenzen getroffen werden, unverbindlich und unspezifisch. Weder gibt es Verpflichtungen noch einen Anspruch auf Kompensation der klimawandelbedingten Schäden und Verluste. Trotz der zentralen Stellung des Handlungsfeldes und dem jahrelangen Beharren der Staaten(-gruppen) der Dritten Welt sind verbindliche Regelungen nicht durchsetzbar. Auch nimmt das Thema auf den Konferenzen eine verhältnismäßig geringe Relevanz ein: Auf der COP 24 bzw. der CMA 1 – der ersten Nachfolgekonferenz des PA – erhält das Thema nicht einmal einen eigenen Verhandlungsstrang. So sind zentrale Fragen, wie beispielsweise das Thema Governance, also ob der WIM und damit die Regelungen zu L&D nur im Rahmen des PA oder auch der UNFCCC, in deren Rahmen der WIM 2013 gegründet wurde, gelten soll, mehr als vier Jahre nach der Verabschiedung des Pariser Abkommens noch ungeklärt. Auch geben die westlichen Staaten den Rahmen und die Wertemaßstäbe im untersuchten Diskurs vor. Daher beispielsweise gilt Gerechtigkeit nicht als zentraler Grundwert – das Recht auf ‚Entwicklung' aber schon. Die Bekämpfung des Klimawandels sowie insbesondere der Umgang mit Schäden und Verlusten sind jedoch Gerechtigkeitsfragen, da es darum geht, wer für die Schäden und Verluste des von den westlichen Industriestaaten verursachten Klimawandels aufkommen wird. Der Klimawandel ist ein Gerechtigkeitsproblem. Stattdessen jedoch wird er als Menschheitsproblem dargestellt.

Solche kolonialen Muster zeigen sich nicht nur im Machtverhältnis zwischen den Staaten, sondern wirken auch auf der Ebene der Ökologie durch die Schuld der Industriestaaten am Klimawandel, die weder im

Diskurs aufgearbeitet noch im Rahmen der getroffenen Regelungen ausgeglichen wird. Die aktuellen Regelungen zielen nicht auf den Ausgleich ökologischer Schuld, sondern auf Vorbeugung der Schäden und Verluste, auf marktbasierte Lösungen und auf Kooperation. Die betroffenen Staaten sollen sich in Eigenverantwortung beispielsweise durch ‚nachhaltige Entwicklung' – eine westliche Konzeption, die die im Diskurs unhinterfragte Vereinbarkeit von ökonomischem Wachstum und Nachhaltigkeit voraussetzt – und gegenseitige Unterstützung auf Schäden und Verluste einstellen. Schuld und Verantwortung werden nicht aufgearbeitet und thematisch eher gemieden. Verantwortung wird außerdem oft auf eine ‚Führungsrolle' der Industriestaaten bei der Klimawandelbekämpfung hin gedeutet oder im Sinne eines ‚gemeinsamen Menschheitsinteresses' verstanden. Durch den fehlenden Ausgleich von ökologischer Schuld sowie der Verschärfung des ökologischen Ungleichheitsverhältnisses, da selbst die Dritte-Welt-Staaten, die weitaus weniger emittieren als die Industriestaaten, nun verzichten bzw. ‚grün' wachsen sollen, bleiben Ungerechtigkeitsstrukturen erhalten und können sich möglicherweise sogar verstärken.

Bei der Betrachtung der Konsequenzen aus der aktuellen Konzeption wird außerdem deutlich, dass sich neokoloniale Muster auch auf der Ebene der Ökonomie fortsetzen: Das Konzept der ‚Entwicklung', das auf ökonomisches Wachstum zielt, wird hier nicht abgelegt, obwohl Wirtschaftswachstum mit Umweltzerstörung einhergeht (vgl. u.a. Meadows et al. 1972, Santarius 2013 sowie Weizsäcker et al. 2017); es soll nunmehr mit Nachhaltigkeit versöhnt werden – im Rahmen der ‚nachhaltigen Entwicklung' oder durch die ‚Grüne Ökonomie'. Die wirtschaftliche Ungleichheit ändert sich durch diese Konzeptionen nicht. Durch die Schaffung neuer Märkte der Industriestaaten beispielsweise durch Technologie, die ‚nachhaltige Entwicklung' unterstützen soll, oder Klimarisikoversicherungen bleiben die Staaten der Dritten Welt in einer ökonomischen Abhängigkeit von den Produkten der Ersten Welt. Insbesondere die Selbstversicherung der Betroffenen festigt ökonomische Ungleichheitsstrukturen zwischen den Staaten sowie auch in den betroffenen Staaten selbst. Letztlich profitieren dadurch neben den privatwirtschaftlichen Versicherungskonzernen die Industriestaaten, die durch die Selbstversicherung von ihrer historischen Verantwortung auf die Eigenverantwortung der Betroffenen ablenken und dadurch mögliche Kompensationsforderungen verhindern. Auch durch die freiwillige Kooperation bei der Bewältigung von Schäden und Verlusten werden andauernde Ungleichheitsverhältnisse nicht aufgelöst:

Durch eine Kooperation, die das bestehende Ungleichheitsverhältnis nicht ausgleicht, sondern damit arbeitet, werden existierende Abhängigkeits- und Ungleichheitsverhältnisse nicht aufgehoben. Stattdessen können die Staaten der Dritten Welt dadurch sogar in neue Abhängigkeitsverhältnisse geraten – beispielsweise weil die Kollaboration beim Umgang mit Schäden und Verlusten für einige Staaten existentiell notwendig ist, für andere jedoch nicht. Dadurch könnten sich neokoloniale Strukturen im Bereich der Ökonomie sogar verschärfen.

Besonders deutlich werden andauernde neokoloniale Muster bei der Betrachtung der Ebene des Wissens. Im untersuchten Diskurs können einige Formen der epistemischen Gewalt identifiziert werden. Allen voran gehören dazu das Konzept der ‚Entwicklung' und die Bezeichnung als ‚Entwicklungsländer', die nicht weiter hinterfragt werden und auch in den Beschlüssen als scheinbar objektive Bezeichnungen verwendet werden. Die Staaten der Dritten Welt, die beispielsweise in den Beschlüssen und von Industriestaaten als ‚Entwicklungsländer' bezeichnet werden, nutzen den Begriff ‚Entwicklungsland' ebenfalls als Selbstbezeichnung. Die Kolonisierten haben hier die Sprache der Kolonialmächte übernommen und sind damit auch Koproduzent*innen solchen Wissens, das ich neokolonial nenne. Durch die Zielsetzung von ökonomischem Wachstum und ‚Entwicklung' wird die westliche Moderne als universale Entwicklung konstruiert – als einzig denkbare Zukunft – und das durch die postkolonialen Staaten selbst. Das zeigt, wie stark sich neokoloniale Strukturen auf der Ebene des Wissens reproduzieren. Nicht gestellt wird die Frage nach dem Grund der sogenannten ‚Unterentwicklung'. Hier wäre nämlich ein Zusammenhang mit Kolonialismus, Neokolonialismus und Imperialismus herstellbar. Aber auch diese Themen werden in keiner Weise erwähnt. Die Kolonialvergangenheit sowie die noch heute wirkenden Folgen werden hier nicht aufgearbeitet und so können sich neokoloniale Macht-Wissens-Verhältnisse immer weiter reproduzieren. Epistemische Gewalt wird aber auch dabei deutlich, wie über den Klimawandel und seine Bewältigung gesprochen wird. Der Klimawandel wird im untersuchten Material auch als eine Art Unfall, als unkontrollierbar und unvorhersehbar dargestellt. Eine solche Erzählung lenkt von der ökologischen Schuld der Industriestaaten ab, indem sie den Klimawandel als unvorhersehbare Naturgewalt, deren Folgen nicht absehbar waren, beschreibt. Die Klimawandelbekämpfung der Industriestaaten wird als solidarischer Akt beschrieben und getroffene Maßnahmen werden als selbstlos und wohltätig dargestellt, nicht als Wiedergutmachung für die Verursachung des Klimawandels.

Demnach werden auch die Staatenvertreter*innen der Dritten Welt als passive Empfänger*innen von Hilfe beschrieben und damit von mündigen Entscheidungsträger*innen abgegrenzt (vgl. Danielzik, Bendix 2016: 279). Sie werden in ihrer Position sowie in ihren Forderungen abgewertet. Diese Arbeit zeigt auf, wie im Diskurs der internationalen Klimapolitik neokoloniale Machtstrukturen noch immer bestehen und wie sie im Rahmen des Themenfeldes der klimawandelbedingten Schäden und Verluste auf ökologischer, ökonomischer und epistemischer Ebene weiter wirken.

Die Forschung orientiert sich dabei an einer forschungsleitenden Heuristik von Fragen und Unterfragen, die sich der Forschungsfrage, ob bzw. wie neokoloniale Strukturen in der internationalen Klimapolitik – am Beispiel des Themenfelds der klimawandelbedingten Schäden und Verluste – reproduziert werden, unterordnen. Um aufzuzeigen, was ich unter neokolonialen Strukturen verstehe, werden zu Beginn einige zentralen Aspekte aus den postkolonialen Theorien dargestellt. Danach wird ein Überblick über die internationale Klimapolitik sowie das Themenfeld der klimawandelbedingten Schäden und Verluste, auf welches ich meinen Blick richte, dargestellt sowie relevante Vorarbeiten von anderen Forschenden aufgezeigt. In meiner erkenntnistheoretischen Positionierung beziehe ich mich vor allem auf den Sozialkonstruktivismus nach Berger und Luckmann und die Positionierung von Schurz zu Werturteilen in den Wissenschaften. Demnach sollen Forschende auf kategorische Werturteile verzichten und stattdessen hypothetische Werturteile im Sinne von Zweck-Mittel-Schlüssen formulieren. Dies versuche ich zu befolgen, indem ich bei Wertungen und Kritik stets den Bezug dazu herstelle, dass meine Werturteile dann gelten, wenn wir einen – nach Maßgaben der Klimagerechtigkeit – gerechten Klimaschutz sowie ein kontinuierliches Fortschreiten der Dekolonisation – auf politischer, ökonomischer, ökologischer sowie epistemischer Ebene – anstreben. Zur intersubjektiven Nachvollziehbarkeit dessen zeige ich meine eigene ethische Positionierung zu den behandelten Themen – der Klimawandelbekämpfung bzw. speziell dem Umgang mit klimawandelbedingten Schäden und Verlusten – auf. Dabei verweise ich neben den in Kapitel 3 vorgestellten Konzepten aus den postkolonialen Theorien auch auf die Politische Ökologie und das Konzept der Klimagerechtigkeit. In der Studie untersuche ich die jährlich stattfindenden UN-Klimaverhandlungen seit 2015. Dieser Zeitpunkt wird daher gewählt, da 2015 das Übereinkommen von Paris verabschiedet wurde und in diesem Abkommen das untersuchte Thema L&D verankert ist. Bei der

Auswertung greife ich auf das Forschungsprogramm der Wissenssoziologischen Diskursanalyse nach Keller zurück, das sich besonders auf Ansätze von Foucault bezieht. Hierzu zeige ich auch dessen verwendete Konzepte zu Diskurs und Macht auf. Die Auswertungspraxis wird mit der Methode der Grounded Theory nach Glaser und Strauss durchgeführt und orientiert sich in ihrer Verfahrensweise an Roos. Nach ausführlicher Analyse von Datenmaterial aus verschiedenen Quellen meine ich, Thesen über die Wissens- und Machtverhältnisse im untersuchten Diskurs über den Umgang mit klimawandelbedingten Schäden und Verlusten im Rahmen der internationalen Klimapolitik aufstellen zu können. Ich untersuche den Diskurs zunächst in seiner Gesamtheit und lege dann erst einen speziellen Fokus auf unterschiedliche Positionen im Diskurs. Außerdem will ich mit einbeziehen, auf welche Konsequenzen die gegenwärtige Konzeption voraussichtlich hinauslaufen wird. Hier will ich einen Rückbezug auf die materiellen Gegebenheiten machen und damit einer zentralen marxistischen Forderung an die postkoloniale Theorietradition gerecht werden (vgl. Kap. 3.4). Außerdem soll dies darauf aufmerksam machen, welche Auswirkungen Macht-Wissens-Verhältnisse in einem Diskurs auf die Lebensrealitäten einzelner Menschen haben können. Zudem ist es wichtig, die Folgen mit einzubeziehen, da auf den Klimakonferenzen über Beschlüsse und Gesetzestexte verhandelt wird, die einen direkten Einfluss auf die Wirtschafts- und Klimapolitik aller teilnehmenden Staaten haben.

Eine der zentralen Erkenntnisse, die sich nicht nur durch die Befunde, sondern durch die gesamte Arbeit zieht, ist, dass der Klimawandel sowie insbesondere das Thema der klimawandelbedingten Schäden und Verluste grundsätzlich ein Gerechtigkeitsproblem darstellen. Der Klimawandel wurde überwiegend von den Industriestaaten verursacht (vgl. Edenhofer, Jakob 2019: 23f.). Seine Folgen betreffen aber auch viele Staaten, die nicht an der Verursachung des Klimawandels betroffen waren und bereits seit Jahrhunderten unter der globalen Vorherrschaft der westlichen Staaten leiden. Vor allem diese Staaten sind es, die sich eine Anpassung an die Klimaänderungen und andere Folgen – nicht zuletzt aufgrund der seit dem Kolonialismus andauernden globalen Ausbeutungsverhältnisse – ökonomisch nicht leisten können. Die Frage danach, wer für die Schäden und Verluste in solchen Ländern aufkommt – die betroffenen Staaten oder die Verursacher – ist eine Frage der Gerechtigkeit. Bei der Analyse wird deutlich, dass der Klimawandel im untersuchten Diskurs überwiegend als Menschheitsproblem dargestellt wird. Es wird nicht nur die ökologische Schuld der

Industriestaaten ausgeblendet, sondern auch die Kolonialvergangenheit und der Imperialismus. Von mir als neokolonial identifizierte Strukturen prägen das Macht-Wissens-Verhältnis im untersuchten Diskurs. Dies ist beispielsweise am aktuellen Machtverhältnis bei den Verhandlungen zu erkennen, zeigt sich aber auch daran, dass weder ein Ausgleich der ökonomischen Ungleichheit noch der ökologischen Schuld erfolgen soll. Insbesondere bei der Untersuchung der epistemischen Ebene wird deutlich, wie tief neokoloniale Muster im Wissensbestand des untersuchten Diskurses vorhanden sind. Durch Spiegelung mit dem Forschungsstand wird bereits an manchen Stellen deutlich, dass die entsprechenden Thesen auch für andere Bereiche der internationalen Klimapolitik gelten. Interessant wäre es weiterführend, die Untersuchung auf die internationale Umwelt- und Klimapolitik auszuweiten, um zu sehen, welche Unterschiede und Übereinstimmungen mit den bisherigen Befunden herzustellen sind.

Bei Verbindung der Befunde dieser Arbeit mit Forderungen aus den post- und dekolonialen Theorien sowie meiner ethischen Positionierung wird deutlich, dass auch die internationale Klimapolitik einer Dekolonisierung bedarf. Dazu müssen die Kolonialvergangenheit und die ökologische Schuld der westlichen Industriestaaten aufgearbeitet werden und andauernde neokoloniale Strukturen, die die Macht- und Wissensverhältnisse des Diskurses prägen, reflektiert werden. Dazu muss auch die Frage der (Klima-)Gerechtigkeit neu gestellt werden. Mein Beitrag soll hierzu einen Anstoß geben.

Abkürzungen

AGN	African Group of Climate Change Negotiators (Afrikanische Gruppe)
AOSIS	Alliance of Small Island States (Allianz der kleinen Inselstaaten)
BIP	Bruttoinlandsprodukt
BNE	Bruttonationaleinkommen
CAHOSCC	Committee of African Heads of State and Government on Climate Change
CBD	Convention on Biological Diversity (Biodiversitätsabkommen)
CMA	Conference of the Parties serving as the meeting of the Parties to the Paris Agreement (Konferenz der Vertragsparteien des Übereinkommen von Paris)
CMP	Conference of the Parties serving as the meeting of the Parties to the Kyoto Protocol (Konferenz der Vertragsparteien des Kyoto-Protokolls)
COP	Conference of the Parties (Konferenz der Vertragsparteien der Klimarahmenkonvention)
ExCom	Executive Committee (Exekutivkomitee) des WIM
G77	Group of 77 (Gruppe der 77)
GCF	Green Climate Fund (Klimafonds)
GST	Global Stocktake (regelmäßige globale Bestandsaufnahme im Rahmen des Paris-Abkommens)

GT	Grounded Theory
L&D	Loss and Damage associated with Climate Change Impacts (klimawandelbedingte Schäden und Verluste)
LDCs	Least Developed Countries (am wenigsten ‚entwickelte' Länder)
NDCs	Nationally Determined Contributions (nationale klimapolitische Pläne)
OECD	Organisation for Economic Cooperation and Development (Organisation für wirtschaftliche Zusammenarbeit und Entwicklung)
PA	Paris Agreement (Übereinkommen von Paris)
SDGs	Sustainable Development Goals (Nachhaltigkeitsziele)
SIDS	Small Island Developing States (Kleine ‚Inselentwicklungsländer')
UN	United Nations (Vereinte Nationen)
UNFCCC	United Nations Framework Convention on Climate Change (Klimarahmenkonvention)
WDA	Wissenssoziologische Diskursanalyse
WIM	Warsaw International Mechanism for Loss and Damage associated with Climate Change Impacts (Internationaler Mechanismus von Warschau für klimawandelbedingte Verluste und Schäden)

Anhang

A 1. Selbstreflexion

Im Rahmen dieser Arbeit halte ich es für sinnvoll, meine eigene Position zu reflektieren. Als akademisch forschende europäische Person kann ich nur neokoloniale Tendenzen in der aktuellen Klimapolitik aufspüren, nicht aber für die Menschen aus der Dritten Welt sprechen und deren Bedürfnisse definieren. Denn als in Deutschland forschende und lebende Person gibt es einige Aspekte, deren Reflexion sowohl mir und meiner Forschungshaltung als auch der Einordnung meiner Studie dienlich ist.

Als Deutsche habe ich – trotz meines Migrationshintergrundes[44] – extrem viele Privilegien, die Möglichkeit, dass meine Stimme gehört und anerkannt wird. Wie Spivak schildert, ist dies den Subalternen der Dritten Welt verwehrt: „Die Subalterne kann nicht sprechen“ (Spivak 2016: 106). Darüber hinaus verfüge ich über das akademische Privileg, das heißt „die Möglichkeit relativ frei zu forschen, Zugang zu Wissen zu haben, und Reisefreiheiten zu genießen“ (Müller 2016: 250). Dies ermöglicht es mir zum einen, an Informationen zu gelangen und zum anderen, dass meine Stimme gehört werden kann. Subalternen aus der Dritten Welt ist beides verwehrt: Die Wissenschaft spricht nicht mit oder zu Subalternen – und wenn, dann nicht gleichberechtigt – und kann deren Stimme auch nicht hören. Letzteres spielt bereits darauf an, „wovon eine_n das akademische Privileg trennt und wo es Erkenntnisse wirksam verhindert“ (ebd.). Durch die Entfernung der Wissenschaft von den Subalternen trennt mich das akademische Privileg von der Lebensrealität letzterer: Auch ich kann ihre Stimme nicht hören und vielleicht würde ich sie auch garnicht verstehen. Diese Tatsache kann ich zunächst nicht ändern. Es gilt daher gemäß Spivak, vorsichtig und möglichst selbst-reflexiv zu einer Fürsprecherin der Subalternen der Dritten Welt zu werden und wenn möglich zu versuchen, Räume zu schaffen,

[44] Dennoch beeinflusst mich mein Migrationshintergrund, also die Tatsache meines familiären Hintergrundes in der Dritten Welt sowie die Geschichte der Flucht, die meine Familie prägt, auch in meiner Grundhaltung, der Forderung globaler Gerechtigkeit, das heißt eine Beendigung der ökonomischen und ökologischen Ausbeutungsverhältnisse – die, wie ich im Rahmen der Arbeit dargelegt habe, Hand in Hand gehen. Im Diskurs der internationalen Klimapolitik schließe ich mich daher den Forderungen aus der Politischen Ökologie nach Klimagerechtigkeit an (vgl. Kap. 5.2). Daraus soll aber kein Anspruch erwachsen, für Menschen aus der Dritten Welt zu sprechen.

in denen die Subalternen sprachmächtig werden können: „Die weibliche Intellektuelle hat als Intellektuelle eine klar umrissene Aufgabe, die sie nicht mit Pauken und Trompeten verleugnen darf" (Spivak 2016: 106). Dabei darf ich keineswegs beanspruchen, für die Dritte Welt zu sprechen oder diese zu verstehen geschweige denn zu wissen, was die Subalternen sagen *wollen*. Denn ich habe eben nicht die Erfahrungen gemacht, die Menschen in der Dritten Welt machen, und ich kenne auch nicht ihre Bedürfnisse. Ich kann stattdessen versuchen, existierende Machtstrukturen und Ungleichheitsverhältnisse aufzuzeigen – in der Hoffnung, dass die Welt eine gerechtere werden kann. Die Möglichkeit, dass meine Stimme gehört wird, möchte ich genau dafür nutzen.

A 2. Auswertung

Im Folgenden wird ein elementarer Teil meiner praktischen Auswertung angehängt. Hier aufgezeigt wird der Prozess der Kategorien- und Thesenbildung, wobei die konkrete Vorgehensweise in Kapitel 6, insbesondere Kapitel 6.3 genau beschrieben wird.

Die Übersicht über die aus dem Textmaterial gebildeten Kategorien soll Interessierten einen Aufschluss darüber geben, wie die in Kapitel 7 dargelegten Befunde der Arbeit gebildet wurden. Wichtig ist es mir hierbei, darauf hinzuweisen, dass das vorgestellte System an Kategorien keine endgültigen Aussagen, sondern nur vorläufige Thesen im Zuge der Auswertung enthält, die noch keinen Befund darstellen.

Anschließend hänge ich die in Kapitel 2 beschriebene forschungsleitende Heuristik an, die ich im Verlauf der Auswertung mit Verweis auf Kategorien und Sequenzen ergänzt habe, die einen Bezug zu den konkreten Fragen du Unterfragen aufzeigen. Dies dient der Reflexion des eigenen Forschungsprozesses und zur Feststellung von Theoretischer Sättigung.

Der folgend dargestellte Auszug aus der Analyse – speziell zur Kategorienbildung – soll es ermöglichen, Interessierten Aufschluss über den Forschungs- und Thesenbildungsprozess zu geben und damit Transparenz und Kritisierbarkeit meines Beitrages herzustellen.

A 2.1 Kategoriensammlung[45]

K101 Verbindlichkeit im untersuchten Diskurs

K101A Verbindlichkeit der Regelungen und Beschlüsse

K101A1 Unverbindlichkeit der Regelungen zu L&D

Vorläufige These: Die Beschlüsse zu L&D sind durchzogen von vagen, unverbindlichen Formulierungen. Allgemein gibt es keine Verbindlichkeiten oder feste Zusagen von Seiten der Industrieländer. (Indikatoren: Seq. 1, 9)

K101A2 Ausschluss von Verbindlichkeiten und Kompensationsansprüchen

Die Regelungen sind nicht nur unverbindlich, sondern schließen mit §51, 1/CP.21 auch jegliche Kompensationsansprüche bei Schäden und Verluste sowie Verbindlichkeiten in diesem Themenfeld für die Industriestaaten ab. Ansonsten werden die Wortteile „verbindlich" und „kompens" oder „repar" weder auf deutsch noch in englischer Sprache in allen Beschlüssen nie erwähnt: Keine Erwähnung von Verbindlichkeit, Kompensationen oder Reparationen. (Indikator: Seq. 1)

K101B Verbindlichkeitsforderungen der Dritte-Welt-Staaten

K101B1 Forderung von Verbindlichkeit von Seiten der Dritte-Welt-Staaten und -Staatengruppen

Ich formuliere die vorläufige These, dass Dritte-Welt-Staaten und -Staatengruppen sich zum Großteil für starke und verbindliche Regelungen zu L&D einsetzen bzw. solche zumindest befürworten. Staatengruppen, die dafür einstehen, sind: AOSIS, AGN, LMDCs. (Indikatoren: Seq. 43, 45, 46)

[45] Es erscheint mir hier wichtig, nochmals darauf hinzuweisen, dass die Kategorien in dieser Kategoriensammlung lediglich der Nachvollziehbarkeit meines Forschungsprozesses dienen. Sie stellen daher keine haltbaren Ergebnisse dieser Arbeit, sondern nur vorläufige Thesen im Zuge der Auswertung dar. Deshalb sind sie zwingend noch fehlerhaft und auch nicht belastbar. Die Befunde der Arbeit sind in Kapitel 7 ausgeführt. Um den Umfang dieses Buches nicht zu sprengen ist außerdem der Textkorpus, also die Sequenzen, auf die regelmäßig in den Kategorien verwiesen wird, nicht angehängt. Dieser geht zurück auf die in Kapitel 6.3 dargestellten Datenquellen. Jegliches Material steht auf der offiziellen Webseite der UNFCCC zur Verfügung.

K101B2 Keine Forderung von Verbindlichkeit als ‚diplomatische Taktik' der Dritte-Welt-Staaten

Immer wieder bleiben aber auch die expliziten Forderungen nach verbindlichen Verpflichtungen der Industriestaaten aus – vor allem, wenn die Staaten einen nicht-konfrontativen Kurs fahren und auf Kooperation setzen. Trotz der allgemeinen Forderung der Dritte-Welt-Staaten (-gruppen) nach Verbindlichkeit (K101B1) scheint es auch eine diplomatische Taktik zu sein, genau dies nicht zu tun. Denn sie sind letztlich auf die Unterstützung der Industriestaaten bei der Bewältigung des Klimawandels sowie auch ökonomisch abhängig. Es macht daher vielleicht für die Staaten der Dritten Welt Sinn, einen kooperativen Kurs zu fahren – in der Hoffnung, dass sich die Industriestaaten, die sich auf Verbindlichkeiten nicht einlassen, wenigstens kooperativ zeigen. (Indikator: Seq. 26)

K101C Verhinderung von verbindlichen Regelungen zu L&D durch Industriestaaten

K101C1 Vermeidung des Themas L&D zur Verhinderung von Verbindlichkeiten und Kompensationsansprüchen durch Industriestaaten bzw. Annex-II-Staaten

Vorläufige These: Die Industriestaaten bzw. die gemäß der UNFCCC zu Finanzierung verpflichteten Annex-II-Staaten versuchen, weitere Regelungen – insbesondere solche, die mit Verbindlichkeiten oder Kompensationsansprüchen einhergehen – zu L&D zu verhindern und vermeiden dadurch das Thema. (Indikatoren: Seq. 29, 33)

K101C2 Verbindliche Regelungen sind nicht durchsetzbar

Vorläufige These: Trotz der zentralen Stellung von L&D im PA und dem jahrelangen Beharren der Dritte-Welt-Staaten(-gruppen) sind verbindliche Regelungen zu L&D nicht durchsetzbar. Dies zeigte sich auch bei der COP25 bzw. CMA2 im Dezember 2019: Der §32, 2/CMA.2, der in seiner ursprünglichen Version Industriestaaten zur Finanzierung von Schäden und Verlusten verpflichten sollte, enthält in seiner Endfassung eine vage, unspezifische Formulierung, die nicht verbindlich ist. Es zeigt sich: Verbindlichkeiten sind nicht durchsetzbar bzw. ‚konsensfähig', da die Industriestaaten hier nicht zustimmen. (Indikatoren: Seq. 9, 38, 39, 42, 43)

K101C3 Gezielte Verhinderungen von Regelungen zu L&D unter der UNFCCC durch die USA

Aus dem Kontextwissen ist bekannt, dass es die USA waren, die in besonderer Weise den §51, 1/CP.21, der Verbindlichkeiten und Kompensationsansprüche beim Thema L&D ausschließt, durchsetzten. Diese Rolle als Blockierer setzt sich scheinbar fort: Die USA blockierten in besonderer Weise beim Thema Governance des WIM, dass dieser sowohl unter der Autorität der UNFCCC, von der er gegründet wurde, als auch unter der des PA steht. Unter dessen Autorität der WIM steht, dort gelten auch seine Maßnahmen und die Regelungen zu L&D. Da die USA aus dem PA austreten, versuchen sie eine Gültigkeit des WIM bzw. von L&D-Regelungen unter der UNFCCC, von der sie nicht ausgetreten sind, zu verhindern, damit keine Kompensationsansprüche oder Verpflichtungen für die Folgen des Klimawandels an die USA stellbar sind. (Indikatoren: Seq. 10, 38, 40, 41)

K102 Verhältnismäßig geringe Relevanz des Themas L&D

Dafür, dass L&D einer der zentralen Säulen, auf denen das PA stützt, ist, erhält das Themenfeld wenig Aufmerksamkeit. So wurde es beim Leaders-Event des COP 21 in weniger als einem Drittel der Statements erwähnt (und davon waren überwiegend Dritte-Welt-Staaten und auf der COP 24 bzw. der CMA1 – der ersten Nachfolgekonferenz des PA – erhielt das Thema nicht einmal einen eigenen Verhandlungsstrang. (Indikatoren: Seq. 6, 11)

K103 Regelungen zu L&D werden von Dritte-Welt-Staaten und -Staatengruppen angetrieben

Allgemein setzen sich die Dritte-Welt-Staaten viel stärker für Regelungen zu L&D ein, als es Industriestaaten, die bei diesem Themenfeld fast nur verlieren können. Von ihnen werden deshalb auch Regelungen und Beschlüsse vorangetrieben. (Indikatoren: Seq. 6, 11, 46)

K104 verfolgte Ziele

K104A Ziel der Vorbeugung von Schäden und Verlusten

Ich formuliere die vorläufige These, dass die Regelungen zu L&D eher auf die Vorbeugung von Schäden und Verlusten zielen: Es geht immer um Abwendung und Bekämpfung, es wird aber nicht genannt, was passiert, wenn diese Schäden und Verluste schon da sind. (Indikatoren: Seq. 8, 9)

K104A1 Vorbeugung ist nicht so konfliktbehaftet wie der Umgang mit eingetretenen Schäden und Verlusten

Ich formuliere die vorläufige These, dass die Regelungen zu L&D deshalb eher auf die Vorbeugung von Schäden und Verlusten zielen, da hier kein Zusammenhang zu der Verantwortung von Industriestaaten für die Schäden und Verluste gezogen werden muss. Die Kosten bestehen noch nicht und können daher nicht eingeklagt werden. (Indikatoren: Seq. 8, 9)

K104A2 Vorbeugung ist ökonomisch lukrativer für Industriestaaten

Vorläufige These: Die Vorbeugung ist daher ein interessantes Thema, da sie auch ökonomisch lukrativ sein kann: Beispielsweise soll sie umgesetzt werden durch die richtigen Investitionsentscheidungen sowie durch Technologieentwicklung. Ein rein finanzieller Ausgleich von Schäden und Verlusten ist dagegen ökonomisch ein reines Verlustgeschäft. (Indikator: Seq. 12)

K104B Eigenverantwortung bei der Lösung der Probleme

Der Umgang mit Schäden und Verlusten soll auch durch einen gesellschaftlichen Wandel sowie Maßnahmen innerhalb betroffener Länder bewältigt werden. Anstatt der Unterstützung von außen als Wiedergutmachung, sollen sieh die Länder selbst dafür vorbereiten (und sich z.T. auch gegenseitig unterstützen). (Indikator: Seq. 2, 3, 31, 34)

K104C Kooperation statt Kompensation

Die Regelungen zu L&D zielen auf freiwillige Kooperation und Kollaboration bei der Bewältigung von Schäden und Verlusten anstatt auf Kompensation der Folgen des Klimawandels durch die Verschmutzer. (Indikatoren: Seq. 4, 47)

K105 Konsequenzen aus der gegenwärtigen Konzeption

K105A Versicherungslösungen als Instrument bei der Bewältigung von Schäden und Verlusten

Aktuell setzt sich der Ansatz der Versicherung gegen klimawandelbedingte Schäden und Verluste als eine Bewältigungsmöglichkeit durch. (Indikator: Seq. 34)

K105A1 Selbstversicherung der Betroffenen festigt Ungleichheitsstrukturen

Durch die Selbstversicherung der Betroffenen werden bestehende Ungleichheitsstrukturen gefestigt: Es gibt keinen Ausgleich für die Verschmutzung der Industrieländer und die Verursachung des Klimawandels und den damit verbundenen Schäden und Verlusten, da die Betroffenen selbst für den Schaden aufkommen. Insbesondere der von Deutschland und den G20 initiierte Versicherungsansatz InsuResilience ist sehr marktwirtschaftlich ausgerichtet und stellt keineswegs eine Kompensation bzw. eine (nach Maßgaben der Klimagerechtigkeit) gerechte Lösung dar, da sich die Betroffenen selbst versichern und dies die Verantwortung von den Industriestaaten auf die Betroffenen Länder und Menschen verlagert, die am wenigsten Schuld am Klimawandel tragen und durch die Versicherungen wiederum in soziale Verwerfungen geraten können. (Indikatoren: Seq. 34, 16)

K105A2 Profitieren der privatwirtschaftlichen Versicherungskonzerne

Am meisten profitieren von Klimarisikoversicherungen die privatwirtschaftlichen Versicherungen, für die sich ein riesiger Markt erschließt. Im Fall der InsuResilience ist das eine deutsche Versicherung. (Indikator: Seq. 34)

K105A3 Vorteil für Industriestaaten, da durch Selbstversicherung keine Kompensationszahlungen anfallen

Die Versicherungslösung ist insbesondere für die Industriestaaten, die die Schuld am Klimawandel haben, von Vorteil. Durch die Selbstversicherung der Betroffenen weicht eine mögliche Forderung nach Kompensationen der Eigenverantwortung der Betroffenen. (Indikatoren: Seq. 34, 16)

K105B Schaffung neuer Abhängigkeitsverhältnisse

Die Regelungen zu L&D zielen auf freiwillige Kooperation und Kollaboration bei der Bewältigung von Schäden und Verlusten. Statt einem Kompensationsanspruch erhalten hier die Dritte-Welt-Staaten die Möglichkeit zu neuen Abhängigkeitsverhältnissen, zu der sie möglicherweise aufgrund der Folgen des Klimawandels aus existentieller Notwendigkeit verpflichtet sind. (Indikatoren: Seq. 4, 47 sowie K104C)

K105C Festigung andauernder Ungleichheitsstrukturen

Durch eine Kooperation, die das bestehende Ungleichheitsverhältnis nicht ausgleicht, sondern damit arbeitet, werden existierende Abhängigkeits- und Ungleichheitsverhältnisse nicht aufgehoben bzw. werden gefestigt. Auch durch das Setzen auf Eigenverantwortung beim Umgang mit Schäden und Verlusten werden bestehende Ungleichheitsstrukturen nicht ausgeglichen, sondern eher gefestigt und intensiviert. (Indikatoren: Seq. 4, 47 sowie K104C; Seq. 2, 3 sowie K104B)

K106 Klimawandel als Unfall

Vorläufige These: Von Industriestaaten wird der Klimawandel vielfach als eine Katastrophe, als ein Naturphänomen, als Unfall dargestellt. Er ist unkontrollierbar und unvorhersehbar und kommt als eine solche Bedrohung auf ‚uns alle' zu. Eine solche Darstellung des Klimawandels lenkt davon ab, dass der Klimawandel lange Zeit vorausgesagt wurde und sein Ausmaß zumindest abschätzbar. Dass er von den Industriestaaten verursacht wurde und weiter verursacht wird. Eine solche Erzählung lenkt ab von der Schuld der Industriestaaten, da sie verdeutlicht, dass der Klimawandel unvorhersehbar war und die Folgen möglichen Fehlverhaltens nicht absehbar und daher das Fehlverhalten auch nicht belangbar ist. (Indikatoren: Seq. 5, 30, 35)

K107 Beschreibung von Unterstützungsleistungen

K107A Klimawandelbekämpfung als solidarischer Akt

Nicht aus Schuld oder Verantwortung, sondern aus Wohltätigkeit und Solidarität gegenüber vulnerablen Staaten betreiben Industriestaaten Klimawandelbekämpfung nach ihrer Darstellung. Die Maßnahmen werden als selbstlos und solidarisch dargestellt, nicht als Wiedergutmachung für die Verursachung des Klimawandels. (Indikatoren: Seq. 15, 35, 36)

K107B Übernahme dieser Darstellung teilweise auch von Dritte-Welt-Staaten

Im Gegenzug wird von den Dritte-Welt-Staaten teilweise auch selbst internationale Solidarität aus Großzügigkeit (wie unter ‚Brüdern'), nicht aber wegen der Gerechtigkeit (wie es bei einem Anwalt der Fall wäre). (Indikator: Seq. 36)

K107C Darstellung der Dritte-Welt-Staaten als „objects of charity"

Dritte-Welt-Staaten werden im Diskurs der internationalen Klimapolitik als Opfer oder Hilfsbedürftige „objects of charity" (Mugabe 2015) und nicht als ebenbürtige, gleichwertig souveräne Partner auf Augenhöhe dargestellt, bei deren Unterstützung man sich als ‚solidarisch' und ‚wohltätig' profilieren kann. Die Platzierung der Dritte-Welt-Staaten als ‚objects of charity' anstatt als Partner ist eine Form der epistemischen Gewalt: Die Staaten werden als handlungsunfähige Opfer stilisiert, denen zu ‚helfen' eine Wohltat, nicht aber ihr rechtlicher Anspruch ist. (Indikator: Seq. 28)

K107D Externe Unterstützung ist nicht selbstverständlich

Externe ‚Unterstützung' für die vom Klimawandel betroffenen Staaten ist nicht selbstverständlich oder gerecht, sondern es kann dazu ermutigt werden (oder vielleicht eher darum gebettelt werden?). (Indikatoren: Seq. 3, 4)

K108 Schuld und Verantwortung

K108A Keine Erwähnung von Schuld oder Verantwortung in den Beschlüssen

In allen Beschlüssen zu L&D seit dem Paris-Abkommen werden die Themen Schuld und Verantwortung nie angesprochen. Sie scheinen zentrale ‚Kampfschauplätze' zu sein, in denen bisher die Industriestaaten die mächtigere Position einnehmen. (Indikatoren: Seq. 1, 4, 7, 8)

K108B Erwähnung der ökologischen Schuld der Industriestaaten

K108B1 Erwähnung von Schuld der Industriestaaten im Zusammenhang mit Forderungen an diese

Wenn die ökologische Schuld an Naturzerstörung und Klimawandel direkt genannt wird, dann ist sie mit einer starken Anklage und Forderungen verbunden. Allgemein wird das Thema Schuld aber selten angesprochen und wenn, dann von Dritte-Welt-Staaten. (Indikatoren: Seq. 20-22)

K108B2 Vermeidung der Erwähnung von Schuld

Dennoch kann festgehalten werden, dass sowohl von den Industriestaaten wie auch von den Dritte-Welt-Staaten das Thema Schuld (vor allem in der direkten Erwähnung) gemieden wird. Bei den ersteren liegt es daran, dass sie selbst die schuldigen sind und sie Forderungen und Verpflichtungen verhindern wollen. Ich vermute hier, auch Dritte-Welt-Staaten vermeiden das Ansprechen der historischen Schuld der Industriestaaten, da es zu ‚konfrontativ' ist, auch wenn es Forderungen rechtfertigt. Aber auf diese Weise lassen Industriestaaten womöglich nicht mit sich reden, da dies zu gefährlich für sie wäre (sie müssten sich womöglich verpflichten). (Indikator: Seq. 30, 34, 43)

K108C Häufiger Verwendung von ‚Verantwortung' als von Schuld

Sowohl Industriestaaten wie auch Dritte-Welt-Staaten greifen – falls das Thema angesprochen wird – eher auf den Begriff der ‚Verantwortung' zurück. (Indikatoren: Seq. 23, 27, 32, 35, 37, 43, 46, 47)

K108D Bedeutungen von Verantwortung im Diskurs

K108D1 Verantwortung der Industriestaaten aufgrund der Schuld am Klimawandel

Zumeist geht die Zuschreibung von Verantwortung im untersuchten Diskurs auf die „emissions of the past" (Merkel 2015) zurück. Dies ist auch gemeint mit dem Grundsatz der UNFCCC sowie des PA, auf den immer wieder (von den Dritte-Welt-Staaten) zurückgegriffen wird, der „gemeinsamen, aber unterschiedlichen Verantwortung und Fähigkeiten". (Indikatoren: Seq. 23, 32, 37, 43, 46, 47)

K108D2 Verantwortung führt zu Verpflichtungen

Diese Verantwortung ist bei den Formulierungen der Dritte-Welt-Staatengruppen oft, aber nicht immer mit Forderungen verbunden. Die historische Verantwortung ist eine Schuld, die wieder gut gemacht werden muss. (Indikatoren: Seq. 14, 37, 43, 46)

K108D3 Verantwortung führt zu einer Führungsrolle

Die Verantwortung der Industriestaaten wird von den Industriestaaten, aber auch von Dritte-Welt-Staaten oft im Sinne einer Führungsrolle und nicht im Zusammenhang mit Verpflichtungen dargestellt. (Indikatoren: Seq. 23, 27, 34, 35)

K108D4 Verantwortung aufgrund besonderer Kapazitäten

Die Verantwortung der Industriestaaten wird außerdem auf die besonderen Kapazitäten bzw. die ‚Entwicklung' des Industriestaats zurückgeführt. (Indikatoren: Seq. 35)

K108D5 Allgemein im Diskurs vertreten ist die Vorstellung der ‚gemeinsamen Verantwortung' der ‚Menschheit'

Eine andere Erzählung, die oft vertreten ist, ist diejenige von der ‚gemeinsamen Verantwortung', die ‚gemeinsame Erde' zu retten und den von der ‚Menschheit' verursachten Klimawandel abzuwenden. Dabei wird auch auf die Vorstellung, wir säßen alle ‚in einem Boot' (vgl. dazu Ziai 2006: 95 sowie Kap. 3.3.3) zurückgegriffen. Die Vorstellung eines gemeinsamen Menschheitsinteresses ist auch eine Form epistemischer Gewalt, da sie allen Menschen ihr Interesse vorgibt, ohne danach gefragt zu haben sowie zum einen die Schuld der Industriestaaten sowie auch allgemein Macht- und Ausbeutungsverhältnisse verschleiert. Die Betroffenheit ist anders! Und im Zusammenhang mit der Frage der Verschuldung ist der Klimawandel nicht ein Menschheitsproblem, sondern ein Gerechtigkeitsproblem. Vielleicht leiden alle unter dem Klimawandel, doch alle auf ihre Weise und alle haben unterschiedliche – oder eben kaum – Ressourcen, um diese Folgen abzuwenden. Außerdem sind für dieses Leiden aller nur wenige verantwortlich. Dieses Bild wird sowohl von Industriestaaten wie auch von Dritte-Welt-Staaten verwendet und ist auch in den Beschlüssen vertreten, in denen der Klimawandel als "common concern of humankind" (2/CMA.2) bezeichnet wird. (Indikatoren: Seq. 7, 15, 35, 36, 47)

K108E Taktische Nennung und Nicht-Nennung von Verantwortung und Schuld

Die Nennung von Verantwortung/Schuld erfolgt im Zusammenhang mit der Rechtfertigung von Forderungen (Dritte-Welt-Staaten). Die Nicht-Nennung erfolgt meist daher, da konfrontative Forderungen nicht ‚konsensfähig' sind und auf den Klimakonferenzen nach dem Einstimmigkeitsprinzip ein Konsens nötig ist.

Die Nicht-Nennung dieses Themas von Seiten der Industriestaaten erfolgt aus dem Grund, dass damit Forderungen einhergehen könnten. Wenn dies genannt wird, dann nicht im Zusammenhang mit Verpflichtungen, sondern eher im Sinne einer Führungsrolle. (Indikatoren: K108B1, K108B2, K108D)

K108F Die Schuld der Dritte-Welt-Staaten

Im Gegenzug zur Schuld der Industriestaaten wegen der historischen Emissionen und damit der Schuld am Klimawandel gibt es auch eine ‚Schuld' der Dritte-Welt-Staaten, die diesen Diskurs beeinflusst.

K108F1 Finanzielle Schuld der Dritte-Welt-Staaten

Die Dritte-Welt-Staaten haben eine große finanzielle Schuld bei den Industriestaaten, die ihre Position auch im Rahmen der internationalen Klimapolitik stark schwächt. (Indikatoren: Seq. 20-22)

K108F2 Finanzielle Schuld der Dritte-Welt-Staaten wird anders gewichtet

Diese finanzielle Schuld der Dritte-Welt-Staaten wird anders gewichtet als die ökologische Schuld der Industriestaaten: "The rich world owes a debt to the countries of the South for the plundering of natural resources, bio-piracy, climate change and environmental services provided by our Amazon forest. In turn, the nations of the South have a financial debt with the rich world. The need of foreign currency to service the financial debt increases the extraction of natural resources, to turn them into exports, generating huge social and environmental costs. The environmental debt, in the meantime, continues, not only in emissions of CO2, but also in the continued production of technological waste, due to programmed obsolescence." (Correa 2015) (Indikatoren: Seq. 20-22)

K108F3 Konstruktion der Dritte-Welt-Staaten als schuldig

Die Dritte-Welt-Staaten werden als „deserving objects of charity" (Mugabe 2015) oder „Bettler" (Bongo Ondimba 2017) konstruiert, die die solidarischen Leistungen und Kooperationsangebote der Industriestaaten erhalten und von diesen in ihrer ‚nachhaltigen Entwicklung' aus Wohltätigen unterstützt werden. Sie stehen deshalb (gemäß dieser Erzählung) moralisch in der Schuld der Industriestaaten. (Indikatoren: Seq. 23, 28, 35, 36)

K109 Keine Erwähnung von Kolonialismus, Neokolonialismus und/oder Imperialismus

Kolonialismus, Neokolonialismus und Imperialismus werden in keiner Weise erwähnt. Zwar sind diese nicht direkt mit der Klimapolitik/dem Klimawandel verbunden, doch sie bestimmen das Machtverhältnis und heutige Ungleichheitsstrukturen zwischen den Staaten. Auch gibt es eine Zusammenhang mit der Umweltzerstörung und dem Klimawandel. Zwar wird vereinzelt die ökologische Schuld genannt, niemals aber ein Zusammenhang mit Kolonialismus oder Imperialismus sowie neokolonialen Strukturen. Das Thema wird in diesem Diskurs totgeschwiegen, obwohl es die Beziehung zwischen den Staaten bestimmt und auch im

Zusammenhang mit Kompensationsforderungen an die Industriestaaten argumentativ unterstützend wäre. (Indikatoren: Nichtnennung über alle Sequenzen hinweg Seq. 1-47)

K110 Gerechtigkeit im untersuchten Diskurs

K110A Klimagerechtigkeit

K110A1 Klimagerechtigkeit nur vereinzelt gefordert

Nur vereinzelt wird im untersuchten Diskurs ‚Klimagerechtigkeit' (vgl. dazu Kap. 5.2) gefordert. Gemäß der Klimagerechtigkeit wären Industriestaaten zur Kompensation klimawandelbedingter Schäden und Verluste verpflichtet. Trotz des naheliegenden Themas wird Klimagerechtigkeit selten gefordert. (Indikatoren: Seq. 19, 20-22)

K110A2 Klimagerechtigkeit nicht durchsetzbar aufgrund Macht der Industriestaaten

Vorläufige These: Klimagerechtigkeit ist gegen die Macht der Industriestaaten im untersuchten Diskurs nicht durchsetzbar. Gerechtigkeit wird gemäß Ecuador (Seq. 22) von den Mächtigeren vorgegeben. Klimagerechtigkeit ist nicht einfach umsetzbar, weil sie den schwächeren Recht geben würde. (Indikatoren: Seq. 20-22)

K110B Gerechtigkeit ist nicht vorrangig

K110B1 Gerechtigkeit kommt in Beschlüssen nicht vor

Gerechtigkeit wird in keinem der Beschlüsse zu L&D seit der COP 21 erwähnt. (Indikator: Seq. 1, 7)

K110B2 Gerechtigkeit wird nicht als Grundwert definiert

Bei der Definition von zugrundeliegenden Grundwerten in der Vorrede zum Beschluss 2/CMA.2 Gerechtigkeit (als grundsätzliches Prinzip sowie zwischen den Staaten) nicht genannt. Die Staaten haben nach Verpflichtungen zu den Menschenrechten, das Recht auf Gesundheit, die Rechte von Indigenen, von lokalen Gemeinschaften, Kindern, Menschen mit Behinderung und Menschen in vulnerablen Situationen, darüber hinaus gibt es ein Recht auf ‚Entwicklung', Geschlechtergerechtigkeit, Empowerment von Frauen und intergenerationale Gerechtigkeit. Ein Recht auf Gerechtigkeit gibt es jedoch nicht. (Indikator: Seq. 7)

K110B3 Frage der Gerechtigkeit wird selten (und immer seltener) gestellt

Vorläufige These: Selten wird im untersuchten Diskurs gefragt, was überhaupt gerecht wäre. Vor allem Industriestaaten meiden dieses Thema strikt. Aber auch Dritte-Welt-Staaten erwähnen das Thema nicht oft. Forderungen werden meist nicht mit Gerechtigkeit in Verbindung gebracht (sondern z.B. in Zusammenhang mit gemeinsamem Interesse etc.) und die Zusage von Unterstützungen wird stattdessen als solidarische Leistung dargestellt. Wenn Gerechtigkeit erwähnt wird, dann nur im Sinne intergenerationaler Gerechtigkeit (Seq. 7, 35).

Nach Paris wurde Gerechtigkeit seltener (in keiner der untersuchten Sequenzen!) erwähnt. [*Vielleicht weil jetzt der Rahmen festgelegt ist und deutlich wurde, dass Gerechtigkeit hier nicht zu verwirklichen ist?*]. (Indikatoren: Seq. 15, 16, 17, 46, K108D5, K107A)

K110C Klimawandelbekämpfung ist eine Gerechtigkeitsfrage

Die Bekämpfung des Klimawandels sowie insbesondere der Umgang mit Schäden und Verlusten sind Gerechtigkeitsfragen (und damit auch Machtfragen). Beispielhaft erläutern es Antigua und Barbuda: Kleine Staaten können den „damage being done to us by others" (Seq. 14) nicht bewältigen. Der Klimawandel ist ein Gerechtigkeitsproblem. (Indikatoren: Seq. 14, 19, 20-22)

K110D Darstellung des Klimawandels als Menschheitsproblem anstatt als Gerechtigkeitsproblem

Entgegen der in K110C aufgestellten These, dass der Klimawandel ein Gerechtigkeitsproblem darstellt, wird er im untersuchten Diskurs in den Beschlüssen wie auch in den Debatten vorwiegend als Menschheitsproblem dargestellt. (Indikatoren: Seq. 7, 15, 36 sowie K108D5)

K111 Die Rolle von ‚Entwicklung' im untersuchten Diskurs

K111A Entwicklungsbegriff wird im untersuchten Diskurs unhinterfragt verwendet

Ich formuliere die vorläufige These, dass – basierend auf den Kategorien K111A1-K111A4 – der Entwicklungsbegriff im untersuchten Diskurs unhinterfragt verwendet wird.

K111A1 Entwicklungsbegriff wird in Beschlüssen verwendet

Der Entwicklungsbegriff bzw. die Bezeichnung als ‚Entwicklungsländer' taucht auch in den Beschlüssen als Bezeichnung auf. Da der

Begriff in den Beschlüssen verwendet wird, schließe ich darauf, dass er im Diskurs nicht weiter hinterfragt wird. (Indikatoren: Seq. 5,9)

K111A2 Bezeichnung ‚Entwicklungsland' strahlt Objektivität aus

Da der Begriff in den Beschlüssen verwendet wird, schließe ich darauf, dass er im Diskurs nicht weiter hinterfragt wird und darüber hinaus, dass er eine gewisse Objektivität ausstrahlt bzw. als objektive Bezeichnung gilt. (Indikatoren: Seq. 5,9)

K111A3 Selbstbezeichnung als ‚Entwicklungsland'

Auch die Staaten der Dritten Welt, die beispielsweise in den Beschlüssen und von Industriestaaten als ‚Entwicklungsländer' bezeichnet werden, nutzen den Begriff ‚Entwicklungsland' als Selbstbezeichnung. (Indikatoren: Seq. 11, 24, 25, 26)

K111A4 ‚Entwicklung' als von allen Seiten anerkanntes Ziel

Aufgrund der Verankerung in den Beschlüssen sowie der Verwendung des Entwicklungsbegriffes von Dritte-Welt-Staaten kann dieser als unhinterfragt gelten. Aber auch das Ziel der ‚Entwicklung' identifiziere ich als unhinterfragt und anerkannt von allen Seiten, beispielsweise wenn ein ‚Recht auf Entwicklung' (Seq. 7) formuliert wird oder Dritte-Welt-Staaten ökonomisches Wachstum bzw. ‚Entwicklung' als Ziel formulieren. (Indikatoren: Seq. 7, 11, 24, K111A1, K111A3)

K111B Alternativlosigkeit zum westlichen Entwicklungsgang

K111B1 westliche ‚Entwicklung' als universal

Das westliche Verständnis von ‚Entwicklung' wird als universal verstanden. Die westliche Moderne wird durch die unhinterfragte Anwendung des Begriffs sowie die Zielformulierung von ‚Entwicklung' im Sinne der westlichen ökonomischen Entwicklung als universal und alternativlos konstruiert. (Indikatoren: Seq. 24, K111A)

K111B2 Entwicklungszwang durch ökonomische Anreize

Jenseits von der Selbstbezeichnung als ‚Entwicklungsland' oder der als alternativlos formulierten Zielsetzung der ‚Entwicklung' liegt auch eine ökonomische Logik bei der Genehmigung von Finanzmitteln zugrunde. Beispielsweise kritisieren die Bahamas, dass Finanzmittel auch nach BIP/BNE pro Kopf vergeben werden, was ökonomisch besonders schwachen Ländern mit niedriger Wachstumsrate schadet. Es kann hier von einem Entwicklungszwang gesprochen werden, der mithilfe ökonomischer Anreize bzw. Unter-Druck-Setzen durchgesetzt wird. (Indikator: Seq. 17)

K111C Reproduktion der epistemischen Gewalt, die mit dem Begriff ‚Entwicklung' einhergeht

K111C1 Epistemische Gewalt durch den Entwicklungsbegriff

Durch den Begriff der ‚Entwicklung' wird neben der ökonomisch durchgesetzten Gewalt des Entwicklungszwangs (K111B2) auch auf der epistemischen Ebene Gewalt ausgeübt. Genaueres dazu kann in Kapitel 3.3.2 nachvollzogen werden. Wie dort geschildert, wird auch in diesem Diskurs der Begriff der ‚Entwicklung' unhinterfragt verwendet und reproduziert dadurch neokoloniale Sprachmuster. (Indikatoren: Seq. 5,9, 11, 24, 25, 26, K111A, K111B)

K111C2 Reproduktion des Entwicklungsbegriffes durch Verwendung in Beschlüssen und Debatten

Durch die andauernde und unhinterfragte Verwendung des Entwicklungsbegriffes wird diese Form der epistemischen Gewalt nicht nur ausgeübt, sondern setzt sich fort. (Indikatoren: Seq. 5,9, 11, 24, 25, 26, K111A, K111B)

K111C3 Reproduktion des Entwicklungsbegriffs durch seine scheinbare Objektivität

Auch durch die Verwendung des Begriffes der ‚Entwicklung' als objektiv, wird diese Form der epistemischen Gewalt weiter reproduziert. Insbesondere die Sprache, die in den Beschlüssen verwendet wird, ist nicht nur sehr repräsentativ für den Diskurs allgemein, sondern beeinflusst auch die Sprache, die darauf aufbauend verwendet wird und in diesem Diskurs als objektiv gilt. (Indikatoren: Seq. 5,9, K111A1, K111A2)

K111D Nicht-Nennung des Grundes der sog. ‚Unterentwicklung'

Bei all dem Reden über ‚Entwicklung' bleibt dabei ein Thema aus: Die Frage, weshalb manche Staaten weniger ‚entwickelt' sind als andere. Dies wird nicht genannt, da sonst ein Zusammenhang mit Kolonialismus, Imperialismus und ökologischer Schuld herstellbar wäre. (Indikatoren: K111, K109)

K112 Reproduktion der Sprache der Kolonialmächte durch die Kolonisierten selbst

K112A Verwendung neokolonialer Muster in der Sprache

Sowohl durch die Verwendung des Entwicklungsbegriffes sowie durch die Selbstbezeichnung als ‚Entwicklungsland' wie auch durch Übernahme der Erzählungen der Ersten Welt über den Klimawandel (vgl. K107B) wird ersichtlich, dass im untersuchten Diskurs die ehemalig kolonisierten Staaten selbst die Sprache der ehemaligen Kolonialmächte übernommen haben und daher auch weiter reproduzieren. Selbst die Staaten und Staatengruppen, die ich der Dritten Welt zuordne, reproduzieren in ihrer Sprache Muster, die ich neokolonial nenne. (Indikatoren: Seq. 24, K111A3, K107B)

K112B Ehemalige Kolonisierten als Koproduzent*innen neokolonialer Wissensstrukturen

Die Kolonisierten haben die Sprache der Kolonialmächte übernommen und sind auch Koproduzent*innen solchen Wissens, das ich neokolonial nenne. Durch die Zielsetzung von ökonomischem Wachstum und ‚Entwicklung' wird die westliche Moderne als universale Entwicklung konstruiert – als einzig denkbare Zukunft – und das durch die postkolonialen Staaten selbst. (Indikatoren: Seq. 24, K111A3, K107B)

K113 Versuch der Versöhnung von Ökonomie und Ökologie

Durch die Zielsetzungen der ‚nachhaltigen Entwicklung' und der ‚Grünen Ökonomie' sollen zum Zweck des Klimaschutzes ökonomisches Wachstum und Nachhaltigkeit vereint werden.

K113A ‚nachhaltige Entwicklung' als Ziel

Wie auch die ‚Entwicklung' als Ziel anerkannt ist, so wird im untersuchten Diskurs der internationalen Klimapolitik insbesondere die „nachhaltige Entwicklung" – ein ursprünglich in Abkopplung zu Wachstum verstandenes Konzept, das nunmehr (wie auch in der int. Klimapolitik) einen Versuch der Versöhnung von Nachhaltigkeit und Wirtschaftswachstum darstellt – angestrebt. Hierbei wird sich auch auf die SDGs berufen. Außerdem sollen hierzu Technologien entwickelt werden. (Indikatoren: Seq. 2, 18, 23)

K113B ‚Grüne Ökonomie als Ziel'

Wie die ‚nachhaltige Entwicklung' ist auch das Ziel der ‚Grünen Ökonomie' zu verstehen, die auch im untersuchten Diskurs als Ziel definiert wird. (Indikator: Seq. 25)

K113C Festhalten an ‚Entwicklung' bzw. ökonomischem Wachstum

Das Konzept der ‚Entwicklung', das auf ökonomisches Wachstum zielt, wird hier nicht abgelegt, obwohl ökonomisches Wachstum mit Umweltzerstörung einhergeht: Es soll nunmehr mit Nachhaltigkeit versöhnt werden – im Rahmen der „nachhaltigen Entwicklung" oder der Grünen Ökonomie. (Indikatoren: Seq. 2, 18, 23)

K113D Dritte-Welt-Staaten sollen sich sauber entwickeln, um nicht selbst zu Verschmutzern zu werden

Im Rahmen der ‚nachhaltigen Entwicklung' sollen sich die Dritte-Welt-Staaten sauber ‚entwickeln', damit sie nicht selbst zu Verschmutzern werden und auch zum Klimawandel beitragen. (Indikatoren: Seq. 2, 18, 23)

K113E Voraussetzung des Wissens um die Vereinbarkeit von Wachstum und Nachhaltigkeit

Dem Diskurs liegt die Überzeugung zugrunde, dass ökonomisches Wachstum und Nachhaltigkeit vereinbar sind. Dieses Wissen gilt als unhinterfragt. (Indikatoren: Seq. 2, 18, 23, 25)

K114 Fortdauern kapitalistischer Ausbeutungsstrukturen

K114A Fortdauern ökonomischer Macht- und Ausbeutungsstrukturen durch ‚nachhaltige Entwicklung' und damit dem Festhalten an ‚Entwicklung'

Im Rahmen der ‚nachhaltigen Entwicklung' wird am ökonomischen Machtverhältnis festgehalten. Durch das Festhalten am kapitalistischen Modell der ‚Entwicklung' – trotz seiner schlechten Vereinbarkeit mit Umweltschutz – bleiben die ökonomischen Macht- und Ausbeutungsstrukturen erhalten. An der ökonomischen Ungleichheit wird nicht gerüttelt. (Indikatoren: K113, K111)

K114B Fortdauern ökologischer Schuld

Aber auch durch den fehlenden Ausgleich von ökologischer Schuld sowie der Verschärfung des ökologischen Ungleichheitsverhältnisses, da selbst die Dritte-Welt-Staaten, die weitaus weniger emittieren als die Industriestaaten nun verzichten sollen bzw. ‚grün' wachsen sollen, bleiben Ungerechtigkeitsstrukturen erhalten. (Indikatoren: K113, K111)

K114C Ökonomische Ungleichheit durch die Schaffung neuer Märkte der Industriestaaten

Durch die Schaffung neuer Märkte der Industriestaaten – beispielsweise durch Technologieentwicklung, die ‚nachhaltige Entwicklung' unterstützen soll oder Versicherungssystemen bleiben die Dritte-Welt-Staaten in einer ökonomischen Abhängigkeit von den Produkten der Industriestaaten, um ihre Ziele – d.h. ‚Entwicklung' und Klimaschutz – zu verwirklichen sowie ihre Risiken durch den nicht selbst verschuldeten Klimawandel abzuwenden. (Indikatoren: Seq. 4, 23, K104A2, K104B, K105A, K111, K113)

K115 Westliche Staaten setzen Werte und Maßstäbe im Diskurs

K115A Werte und Maßstäbe wie ‚Gerechtigkeit', ‚Zivilisation' und ‚Entwicklung' werden von westlichen Staaten definiert

Die geltenden Maßstäbe und Werte im untersuchten Diskurs werden von den westlichen Industriestaaten gesetzt und definiert und bevorzugen daher westliche Interessen. (Indikatoren: Seq. 21, K110, K111, K112)

K115B Westliche Werte und Maßstäbe gelten (oder sind ungültig) zum Nutzen des Westens

Neben der Tatsache, dass die genannten Werte und Maßstäbe zu den Vorteilen des Westens (nach seinen ‚Logiken') definiert wurde, werden diese Werte auch zum Nutzen dieser Staaten eingesetzt oder eben nicht eingesetzt. Diese Maßstäbe werden zum Nutzen der westlichen Industriestaaten herangezogen oder eben nicht herangezogen. Kurz: Der Westen bestimmt, was gerecht ist. (Indikatoren: Seq. 21, K110, K111, K112)

K115C Im Vordergrund stehen die Werte ‚Nachhaltigkeit' (ohne sich von Wachstum abzukoppeln) und ‚Entwicklung'

Im untersuchten Diskurs stehen die Werte ‚Nachhaltigkeit' und ‚Entwicklung' – beide nach westlicher Definition, das heißt eng an die

Marktwirtschaft geknüpft – im Vordergrund. Hintergründig sind westlich verfolgte ‚Werte' wie ‚Zivilisation' und ‚Demokratie'. (Indikatoren: K111, K113, K114)

K115D Bevorzugen westlichen Wissens über den Klimawandel

Westliches Wissen, wie der Klimawandel bewältigt werden soll, wird als legitimes Wissen anerkannt und hat eine besondere Position im Diskurs: Daher werden westliche Bewältigungsstrategien wie Technologieentwicklung, ‚nachhaltige Entwicklung' und die ‚Grüne Ökonomie' in den Vordergrund gestellt. (Indikatoren: Seq. 2, 18, 23, 25)

K116 Westliche binäre Zuschreibungen stützen das Macht-Wissens-Verhältnis

Im untersuchten Diskurs finden sich binäre Zuschreibungen, die das vorhandene Machtverhältnis auf epistemischer Ebene festigen und reproduzieren. Als solche Macht-Wissens-Verhältnisse stützend verstehe ich westliche Einteilungsmuster. Wenn einteilende Zuschreibungen dagegen aktiv genutzt werden, um strukturelle Machtverhältnisse sichtbar zu machen (beispielsweise der Begriff der ‚Dritten Welt' sowie marxistische Klassenbegriffe, vgl. Fußnote 1 zum Begriff ‚Dritte Welt'), haben diese Zuschreibungen ein herrschaftskritisches Potential.

K116A ‚entwickelt' – ‚unterentwickelt'

Eine stark vertretene binäre Zuschreibung nach westlichen Maßstäben ist die der ‚entwickelten' im Gegensatz zu ‚unterentwickelten' Ländern. Sie ist wie der Entwicklungsbegriff allgemein sehr stark im Diskurs vertreten und anerkannt. (Indikatoren: 15, 26, 38, 43, 46, K111)

K116B 'große' vs. 'kleine' Ökonomie

Eine weitere binäre Zuschreibung nach westlichen Maßstäben ist die der großen Ökonomie in Gegenüberstellung zur kleinen Ökonomie. Und dies ist nicht anklagend gemeint, sondern soll die Erzählung Solidarität der großen Ökonomien untermauern. Diese binäre Zuschreibung wirkt hier abwertend. (Indikator: Seq. 15)

K117 Abwertung der Vertreter*innen und Forderungen der Dritten Welt

Ich formuliere die vorläufige These, dass Vertreter*innen der Dritten Welt in ihrer Position sowie die Forderungen im Diskurs der internationalen Klimapolitik abgewertet werden.

K117A Unterscheidung mündige Entscheidungsträger*innen vs. passive Empfänger*innen von Hilfe

Die Dritte-Welt-Staaten werden im untersuchten Diskurs nicht immer als mündige Entscheidungsträger*innen bzw. als ‚Partner', sondern als passive Empfänger*innen von ‚Hilfe', als „deserving objects of charity" (Mugabe 2015) – als handlungsunfähige Hilfsbedürftige – behandelt. (Indikatoren: Seq. 28, K107C, K108F3)

K117B Abwertung der Forderungen der Dritte-Welt-Staaten an die Industriestaaten

Die Forderungen von Seiten der Dritte-Welt-Staaten, die im untersuchten Diskurs an die Industriestaaten gestellt werden, werden abgewertet, indem die Dritte-Welt-Staaten beispielsweise als ‚Anwalt ' bei Forderungen nach Gerechtigkeit oder als ‚Bettler' bei Forderungen nach Finanzen behandelt werden. (Indikatoren: Seq. 36, K108F3)

K118 Positionen im Diskurs

K118A Verursacherprinzip vs. Vorsorgeprinzip

Im Diskurs findet sich sowohl die Forderung nach Kompensationen der klimawandelbedingten Schäden und Verluste (Verursacherprinzip) wie auch der Ansatz der Konzentration auf die Vorbeugung von L&D (Vorsorgeprinzip) anhand von Technologie, Klimaanpassung und ‚nachhaltiger Entwicklung'. (Indikatoren: Seq. 8, 9, 13, 19, K104A, K104C)

K118B Wenige starke Forderungen nach Kompensation und Gerechtigkeit

Im Diskurs finden sich auch starke Forderungen nach Kompensationen und Gerechtigkeit – von Seiten einiger Dritte-Welt-Staaten(-gruppen). (Indikatoren: 13, 19, 20, 21, 22, 37)

K118C Vielfach Forderung gemeinsamen Handelns und Kooperation

Viele Staaten(-gruppen) aus verschiedenen Lagern fordern ein ‚gemeinsames Handeln' und ein Vorgehen in Kooperation. Diese

Forderungen finden sich auch in den Beschlüssen wieder. (Indikatoren: Seq. 4, 7, 15, 31, 35, 36, 47, K104C, K108D5)

K118D Marktbasierte Lösungen

Auch gibt es einige Vorschläge zu marktbasierten Lösungen, die vor allem von Industriestaaten befürwortet werden. (Indikatoren: Seq. 17, 23, 34, K105A)

K118E Konfrontatives vs. nicht-konfrontatives Auftreten der Dritte-Welt-Staaten

Unterschiede der Dritte-Welt-Staaten sehe ich außerdem daran, dass wenige konfrontativ auftreten und starke Forderungen sowie teilweise auch Anklagen äußern, die meisten aber eher nicht-konfrontativ und kooperativ auftreten – so wie es auch die Industriestaaten allgemein tun. (Indikatoren: Seq. 13, 32, 42, 43, 45, 46, 47)

K118F Forderung nach einem starken L&D-Mechanismus und verbindlichen Regelungen

Dritte-Welt-Staaten fordern dagegen immer wieder einen starken L&D-Mechanismus und verbindliche Regelungen für L&D sowie allgemein. Diese Forderung kann bei den Staaten(-gruppen) der Dritten Welt im untersuchten Diskurs als Konsens betrachtet werden. (Indikatoren: Seq. 38, 39, 43, 45, 46, 47)

K119 Betrachtung ausgewählter Staatengruppen

K119A Annex-II-Staaten

Da Industriestaaten beim Thema L&D im untersuchten Diskurs zu L&D nicht vorrangig in UN-Staatengruppen agieren, habe ich die Annex-II-Staaten – die Industriestaaten, die gemäß der UNFCCC zu Finanzieller Unterstützung der Dritte-Welt-Staaten verpflichtet sind und damit auch die wären, die bei möglichen Regelungen zur Finanzierung von L&D dafür aufkommen müssten – allgemein betrachtet.

K119A1 Annex-II-Staaten meiden das Thema und setzen auf Kooperation, Vorbeugung und marktbasierte Lösungen

Es fiel auf, dass sich die Annex-II-Staaten besonders selten zu L&D äußern und allgemein eher blockierend vorgingen. Bei der Bewältigung von L&D setzen sie auf Kooperation, Vorbeugung und marktbasierte Lösungen. (Indikatoren: Seq. 1, 11, 23, 29, 33, 35)

K119A2 Differenzierte Verwendung von ‚Verantwortung'

Die ökologische Schuld wird nicht erwähnt, ‚Verantwortung' ist aber dennoch Thema. Sie wird aber differenziert angewandt: Verantwortung aufgrund historischer Emissionen (ohne, dass sie zu Verpflichtungen oder Kompensationen führt), Verantwortung im Sinne einer Führungsrolle und Verantwortung aufgrund besonderer Kapazitäten und ‚Entwicklung', sowie auch das Bild von der ‚gemeinsamen Menschheitsverantwortung'. (Indikatoren: Seq. 15, 23, 35, K108D1, K108D3, K108D4, K108D5)

K119A3 Ablehnung von Kompensationen

Worin sich die Annex-II-Staaten in ihren Vorschlägen zur Begegnung des Themas L&D sowie in ihren Vorstellungen von ‚Verantwortung' bei diesem Thema einig sind, ist, dass daraus niemals Kompensationen der Schäden und Verluste folgen. (Indikatoren: Seq. 1, 11, 15, 23, 29, 33, 35, K119A1, K119A2)

K119B Staatengruppen der Dritten Welt

Da sich aufgrund der Vorrecherche bis auf die AOSIS keine Staatengruppe der Dritten Welt besonders beim Thema L&D hervortat, beschloss ich, zunächst offen an die Forschung heranzugehen und nach der ersten Auswertung Staatengruppen zur genaueren Betrachtung zu wählen und hierzu weitere Sequenzen hinzuzuziehen. Neben den AOSIS wählte ich dafür die AGN. Allgemein wurden aber Sequenzen der AOSIS, AGN, CAHOSCC, LDCs, LMDCs, G77+China ausgewertet. (Indikatoren: Seq. 11, 29, 31, 33, 37, 38, 39, 43, 44, 45, 46, 47)

K119B1 Staatengruppen der Dritten Welt stehen für starke und verbindliche Regelungen zu L&D

Allgemein stehen alle Staatengruppen der Dritten Welt hinter dem Thema L&D und befürworten weitere und verbindliche Regelungen. (Indikatoren: Seq. 11, 29, 32, 33, 37, 38, 39, 43, 44, 45, 46, 47)

K119B2 AOSIS nehmen nicht-konfrontative Haltung ein

Die AOSIS zeigen sich allgemein nicht-konfrontativ. Sie zeigen sich positiv gesinnt und wollen als gutes Beispiel voran gehen. Den Klimawandel sehen sie im ‚gemeinsamen Menschheitsinteresse', verweisen aber auch auf den Grundsatz der „gemeinsame, aber unterschiedliche Verantwortung und Fähigkeiten" und die verschiedenen nationalen Umstände – ohne fordernd zu sein. (Indikatoren: Seq. 32, 45, 47)

K119B3 Wandel in der Verhandlungsstrategie der AGN

Während die AGN beim Pariser Klimagipfel 2015 noch stark konfrontativ und fordernd (Gerechtigkeits- und Kompensationsforderungen etc.) waren, wandelt sich die Verhandlungsstrategie bereits ein Jahr später: Auf der COP 22 wird eine „neue Klimadiplomatie" verkündet, die nicht mehr konfrontativ ist und ähnlich wie die AOSIS nunmehr selbst als gutes Beispiel voran gehen wollen und auf Partnerschaften und Kooperation anstatt auf Kompensation zielen. (Indikatoren: Seq. 31, 46)

K119B4 Mehr Erfolg durch nicht-konfrontatives Auftreten

These: Die nicht-konfrontative Verhandlungsstrategie scheint mehr Erfolg zu versprechen oder zumindest ‚Partnerschaften' nicht zu verbauen. Denn die Staaten(-gruppen) der Dritten Welt treten – vor allem in der Zeit nach Paris – immer weniger fordernd auf. (Indikatoren: Seq. 11, 29, 31, 33, 37, 38, 39, 43, 44, 45, 46, 47)

K119B5 Kein herausstechender Kurs einer Staatengruppe der Dritten Welt

Keine der Dritte-Welt-Staatengruppen fährt einen durchgehend abweichenden und herausragenden Kurs beim Thema L&D. Insbesondere nach Paris haben sich die Verhandlungsstrategien einer konsensfähigen kooperativen Haltung angenähert. (Indikatoren: Seq. 11, 29, 32, 33, 37, 38, 39, 43, 44, 45, 46, 47)

K120 Mächtigere Position der Industriestaaten

Ich formuliere die vorläufige These, dass Industriestaaten im untersuchten Diskurs die mächtigere Position einnehmen.

K120A Abhängigkeit der Beschlüsse von dem Willen der Industriestaaten

These: Die im untersuchten Diskurs debattierten Themenstellungen hängen nicht von der Möglichkeit ihrer Verwirklichung ab, sondern vom politischen Willen. Vom politischen Willen der Industriestaaten hängen Entscheidungen ab. (Indikator: Seq. 21, **26**, K110A2)

K120B Industriestaaten nehmen die ‚Führungsrolle' bei der Klimawandelbekämpfung ein

Die Industriestaaten nehmen eine ‚Führungsrolle' bei der Klimawandelbekämpfung ein. Sie sind damit nicht nur diejenigen, die am meisten Emissionen einsparen sollen (und dennoch am meisten Emissionen ausstoßen und ausgestoßen haben), sondern sie geben auch den Ton und die Richtung bei der Klimawandelbekämpfung an: denn er ist von ihrer Kooperation abhängig. (Indikatoren: Seq. 23, 27, K108D3)

K120C Deutungshoheit der westlichen Staaten über Werte wie Gerechtigkeit

Reiche Staaten sind mächtiger als arme Staaten, und zwar so viel mächtiger, dass sie letztlich über die Gesetze der Gerechtigkeit herrschen. Westliche Maßstäbe von ‚Gerechtigkeit' und ‚Zivilisation' gelten für die Vorteile der reichen Nationen und sie gelten nur dann. Der Westen bestimmt, was gerecht ist. (Indikatoren: Seq. 21, K115A)

K120D Machtverhältnis rechtfertigt die Nichtkompensation von L&D

Vorläufige These: Letztlich ist es das Machtverhältnis zwischen wohlhabenderen und ärmeren Staaten, das die Nichtkompensation von klimawandelbedingten Schäden und Verlusten rechtfertigt. (Indikatoren: Seq. 20, 21, 22, K105, K115, K106)

K201 Unverbindlichkeit der Beschlüsse zu L&D

Siehe dazu Kapitel 7.1.[46] (Indikatoren: K101, K102, K104, K113)

K202 Positionen im Diskurs

Siehe dazu Kapitel 7.2. (Indikatoren: K118)

K202A Industriestaaten gegen L&D

(Indikatoren: K119A, K101C)

K202B Regelungen zu L&D werden von Dritte-Welt-Staaten und -Staatengruppen angetrieben

(Indikatoren: K101B1, K101B2, K103, K108E, K110B3, K119B)

K203 Fortdauern kolonialer Machtstrukturen im Diskurs der internationalen Klimapolitik

Siehe dazu Kapitel 7.3. (Indikatoren: K104, K109, K120, K101C, K110, K115, K111, K113)

---

[46] Da die K200er Kategorien in konkreten Unterkapiteln im Fließtext aufgearbeitet wurden, wird hier neben der Angabe der Indikatoren nur auf die entsprechenden Kapitel verwiesen.

K204 Wie wird Macht auf der Ebene des Wissens durchgesetzt und deutlich? Epistemische Gewalt im Diskurs

Siehe dazu Kapitel 7.4. (Indikatoren: K106, K107, K108, K109, K110, K111, K112, K115, K116, K117)

K205 Konsequenzen aus der aktuellen Konzeption: Reproduktion ökonomischer Ausbeutungsverhältnisse und Ungleichheiten

Siehe dazu Kapitel 7.5. (Indikatoren: K104, K105, K113B2, K113C, K114, K118D)

K206 Konsequenzen aus der aktuellen Konzeption: Fortdauern und Verschärfung ökologischer Schuld und Ungleichheit

Siehe dazu Kapitel 7.6. (Indikatoren: K101A, K104, K108, K113D, K114)

K301 Fortdauern und Reproduktion neokolonialer Strukturen auf ökonomischer, ökologischer und epistemischer Ebene im Diskurs der internationalen Klimapolitik

Die Schlüsselkategorie zieht das zentrale Fazit der Auswertung. Diese zusammenfassenden Schlussfolgerungen sind in Kapitel 8 ausgearbeitet. (Indikatoren: K201, K202, K203, K204, K205, K206)

A 2.2 Befunde in Bezug zur forschungsleitenden Heuristik

Nachfolgend wird die in Kapitel 2 erläuterte Forschungsheuristik gegliedert nach den sechs Untersuchungseinheiten sowie den jeweiligen Unterfragen aufgelistet. Auf Basis der gebildeten Kategorien, welche im vorangegangenen Kapitel A 2.1 dargestellt wurden, werden Befunde und vorläufige Thesen den Fragen der Heuristik zugeordnet werden. Dies soll Interessierten dazu dienen, die in Kapitel 7 dargelegten Befunde in Bezug zu den einzelnen Unterfragen der Forschungsfrage zu setzen.

Werden bzw. wie werden neokoloniale Strukturen in der internationalen Klimapolitik reproduziert?

(1) klimawandelbedingte Schäden und Verluste (Artikel 8) im Paris-Abkommen

Bestanden ähnliche Themenfelder oder Mechanismen schon vor dem Paris-Abkommen?

- Der WIM wurde bereits 2013 bei der COP19 gegründet. Daraus resultieren auch aktuelle Konfliktfelder: Beispielsweise, ob der WIM und damit die Regelungen zu L&D neben seiner Gültigkeit im Rahmen des PA auch weiterhin unter der UNFCCC (COP) gültig bleibt (vgl. Seq. 38-44). Dies soll auf der Klimakonferenz 2020 (COP 26) entschieden werden (vgl. Seq. 10).

Wie relevant sind die Themen als Ziele?

- K102 Verhältnismäßig geringe Relevanz des Themas L&D

Wie verbindlich sind die Ziele/Einigungen?

- K101A1 Unverbindlichkeit der Regelungen zu L&D
- K101A2 Ausschluss von Verbindlichkeiten und Kompensationsansprüchen

Warum sind sie (un-)verbindlich?

- K101C Verhinderung von verbindlichen Regelungen zu L&D durch Industriestaaten
  - K101C1 Vermeidung des Themas L&D zur Verhinderung von Verbindlichkeiten und Kompensationsansprüchen durch Industriestaaten bzw. Annex-II-Staaten
  - K101C2 Verbindliche Regelungen sind nicht durchsetzbar

– K101C3 Gezielte Verhinderungen von Regelungen zu L&D unter der UNFCCC durch die USA

Welche Ziele sollen mit der Umsetzung erreicht werden?

- K104A Ziel der Vorbeugung von Schäden und Verlusten
- K104B Eigenverantwortung bei der Lösung der Probleme
- K104C Kooperation statt Kompensation

Welche unterschiedlichen Positionen finden sich im Diskurs?

- K118A Verursacherprinzip vs. Vorsorgeprinzip
- K118B Wenige starke Forderungen nach Kompensation und Gerechtigkeit
- K118C Vielfach Forderung gemeinsamen Handelns und Kooperation
- K118D Marktbasierte Lösungen
- K118E Konfrontatives vs. nicht-konfrontatives Auftreten der Dritte-Welt-Staaten
- K118F Forderung nach einem starken L&D-Mechanismus und verbindlichen Regelungen

Welche Unterschiede und Überschneidungen gibt es zwischen einzelnen Diskurspositionen von (ausgewählten) Staatengruppen? Wieso (nicht)?

- K119A1 Annex-II-Staaten meiden das Thema und setzen auf Kooperation, Vorbeugung und marktbasierte Lösungen
- K119A2 Differenzierte Verwendung von ‚Verantwortung' (Annex-II-Staaten)
- K119A3 Ablehnung von Kompensationen (Annex-II-Staaten)
- K119B1 Staatengruppen der Dritten Welt stehen für starke und verbindliche Regelungen zu L&D
- K119B2 AOSIS nehmen nicht-konfrontative Haltung ein
- K119B3 Wandel in der Verhandlungsstrategie der AGN
- K119B4 Mehr Erfolg durch nicht-konfrontatives Auftreten
- K119B5 Kein herausstechender Kurs einer Staatengruppe der Dritten Welt

(2) Umsetzung der Beschlüsse/Vorhaben: Nutzen und Konsequenzen aus den Beschlüssen zum Umgang mit Schäden und Verlusten

Auf welche Konsequenzen läuft die gegenwärtige Konzeption hinaus?

- K105A Versicherungslösungen als Instrument bei der Bewältigung von Schäden und Verlusten
  - K105A1 Selbstversicherung der Betroffenen festigt Ungleichheitsstrukturen
  - K105A2 Profitieren der privatwirtschaftlichen Versicherungskonzerne
  - K105A3 Vorteil für Industriestaaten, da durch Selbstversicherung keine Kompensationszahlungen anfallen
- K105B Schaffung neuer Abhängigkeitsverhältnisse
- K105C Festigung andauernder Ungleichheitsstrukturen
- K114 Fortdauern kapitalistischer Ausbeutungsstrukturen
  - K114A Fortdauern ökonomischer Macht- und Ausbeutungsstrukturen durch ‚nachhaltige Entwicklung' und damit dem Festhalten an ‚Entwicklung'
  - K114B Fortdauern ökologischer Schuld
  - K114C Ökonomische Ungleichheit durch die Schaffung neuer Märkte der Industriestaaten

Wer zieht welchen Nutzen aus der Regelung?

- K105A2 Profitieren der privatwirtschaftlichen Versicherungskonzerne
- K105A3 Vorteil für Industriestaaten, da durch Selbstversicherung keine Kompensationszahlungen anfallen

Gibt es einen Nutzen für wirtschaftliche Interessen bestimmter/mehrerer Vertragsparteien?

- K105A2 Profitieren der privatwirtschaftlichen Versicherungskonzerne
- K105A3 Vorteil für Industriestaaten, da durch Selbstversicherung keine Kompensationszahlungen anfallen
- K114C Schaffung neuer Märkte der Industriestaaten

Wie wird der Nutzen dargestellt?

- K107A Klimawandelbekämpfung als solidarischer Akt

- Die Kooperation der Industriestaaten sowie ihre Angebote zu Versicherungslösungen werden allgemein als solidarisch und wohltätig dargestellt. Externe Unterstützung ist nicht selbstverständlich, sie ist ein solidarischer Akt und beruht auf Gegenseitigkeit. (vgl. K107)

Wer trägt die Kosten?

- Letztlich tragen die größten Kosten die Staaten der Dritten Welt und die von den Schäden und Verlusten betroffenen Menschen, die keine Kompensation für die Folgen des von den Industriestaaten verursachten Klimawandel erhalten und sich selbst dagegen versichern sollen sowie im Falle eines Konzepts der AGN sich selbst gegenseitig unterstützen (in dem Fall die afrikanischen Länder untereinander)
- K104B Eigenverantwortung bei der Lösung der Probleme
- K105A1 Selbstversicherung der Betroffenen festigt Ungleichheitsstrukturen
- Seq. 32 Gegenseitige Unterstützung afrikanischer Länder

Gibt es bereits Initiativen zur Umsetzung? Wie sehen diese aus?

- Ja, aktuell prominent sind Versicherungslösungen – insbesondere die marktbasierte Versicherungsinitiative der G20 (Insuresilience), bei der sich Betroffene selbst versichern
- K105A Versicherungslösungen als Instrument bei der Bewältigung von Schäden und Verlusten

(3) Schuld und Verantwortung

Wird über das Thema Schuld gesprochen?

- K104B Eigenverantwortung bei der Lösung der Probleme
- K106 Klimawandel als Unfall
- K108B1 Erwähnung von Schuld der Industriestaaten im Zusammenhang mit Forderungen an diese
- K108B2 Vermeidung der Erwähnung von Schuld
- K108C Häufiger Verwendung von ‚Verantwortung' als von Schuld

Werden Kolonialismus, Neokolonialismus und Imperialismus im Kontext erwähnt? Warum (nicht)?

- Kolonialismus, Neokolonialismus und Imperialismus werden in keiner Weise erwähnt. Zwar sind diese nicht direkt mit der

Klimapolitik/dem Klimawandel verbunden, doch sie bestimmen das Machtverhältnis und heutige Ungleichheitsstrukturen zwischen den Staaten. Auch gibt es eine Zusammenhang mit der Umweltzerstörung und dem Klimawandel. Zwar wird vereinzelt die ökologische Schuld genannt, niemals aber ein Zusammenhang mit Kolonialismus oder Imperialismus sowie neokolonialen Strukturen. Das Thema wird in diesem Diskurs totgeschwiegen, obwohl es die Beziehung zwischen den Staaten bestimmt und auch im Zusammenhang mit Kompensationsforderungen an die Industriestaaten argumentativ unterstützend wäre.

- K109 Keine Erwähnung von Kolonialismus, Neokolonialismus und/oder Imperialismus

Wird die ökologische Schuld (Foster, Clark 2009: 193) an Naturzerstörung und Klimawandel erwähnt? Warum (nicht)?

- Wenn die ökologische Schuld an Naturzerstörung und Klimawandel direkt genannt wird, dann ist sie mit einer starken Anklage und Forderungen verbunden. Allgemein wird das Thema Schuld aber selten angesprochen und wenn, dann von Dritte-Welt-Staaten. Dennoch kann festgehalten werden, dass sowohl von den Industriestaaten wie auch von den Dritte-Welt-Staaten das Thema Schuld (vor allem in der direkten Erwähnung) gemieden wird. Bei den ersteren liegt es daran, dass sie selbst die schuldigen sind und sie Forderungen und Verpflichtungen verhindern wollen. Ich vermute hier, auch Dritte-Welt-Staaten vermeiden das Ansprechen der historischen Schuld der Industriestaaten, da es zu ‚konfrontativ' ist, auch wenn es Forderungen rechtfertigt. Aber auf diese Weise lassen Industriestaaten womöglich nicht mit sich reden, da dies zu gefährlich für sie wäre (sie müssten sich womöglich verpflichten).
- K108B1 Erwähnung von Schuld der Industriestaaten im Zusammenhang mit Forderungen an diese
- K108B2 Vermeidung der Erwähnung von Schuld

Wer wird als schuldig konstruiert?

- Einerseits Industriestaaten:
  - K108B1 Erwähnung von Schuld der Industriestaaten im Zusammenhang mit Forderungen an diese
- Andererseits Dritte-Welt-Staaten:
  - K108F1 Finanzielle Schuld der Dritte-Welt-Staaten

– K108F3 Konstruktion der Dritte-Welt-Staaten als schuldig

Wer steht bei wem in der Schuld? Wieso?

- Industriestaaten aufgrund der historischen Emissionen (K108B)
- Dritte-Welt-Staaten aufgrund finanzieller Schuld sowie als Hilfsbedürftige „deserving objects of charity“ (K108F)

Wird von Verantwortung gesprochen? Warum?

- Sowohl Industriestaaten wie auch Dritte-Welt-Staaten greifen – falls das Thema angesprochen wird – eher auf den Begriff der ‚Verantwortung‘ zurück.
- K108C Häufiger Verwendung von ‚Verantwortung‘ als von Schuld
- Der Zweck der Verwendung von ‚Verantwortung‘ hängt jedoch von seiner Art der Verwendung ab (siehe dazu folgende Frage):

Wer hat Verantwortung?

- K108D1 Verantwortung der Industriestaaten aufgrund der Schuld am Klimawandel
- K108D2 Verantwortung führt zu Verpflichtungen
- K108D3 Verantwortung führt zu einer Führungsrolle
- K108D4 Verantwortung aufgrund besonderer Kapazitäten
- K108D5 Allgemein im Diskurs vertreten ist die Vorstellung der ‚gemeinsamen Verantwortung‘ der ‚Menschheit‘

Wieso wird gerade (nicht) von Schuld bzw. Verantwortung gesprochen?

- Die Nennung von Verantwortung/Schuld erfolgt im Zusammenhang mit der Rechtfertigung von Forderungen (Dritte-Welt-Staaten). Die Nicht-Nennung erfolgt meist daher, da konfrontative Forderungen nicht ‚konsensfähig‘ sind und auf den Klimakonferenzen nach dem Einstimmigkeitsprinzip ein Konsens nötig ist.
- Die Nicht-Nennung dieses Themas von Seiten der Industriestaaten erfolgt aus dem Grund, dass damit Forderungen einhergehen könnten. Wenn dies genannt wird, dann nicht im Zusammenhang mit Verpflichtungen, sondern eher im Sinne einer Führungsrolle
- K108E Taktische Nennung und Nicht-Nennung von Verantwortung und Schuld

(4) Neokoloniale Muster

- K112 Reproduktion der Sprache der Kolonialmächte durch die Kolonisierten selbst

Wird bzw. wie wird die westliche Moderne als universale Entwicklung konstruiert?

- K111B Alternativlosigkeit zum westlichen Entwicklungsgang
  - K111B1 westliche ‚Entwicklung' als universal
  - K111B2 Entwicklungszwang durch ökonomische Anreize

Inwiefern wird die einzig denkbare Zukunft der Welt in der fortschreitenden Verwestlichung konstruiert? (siehe dazu Conrad, Randeria 2013: 35)

- Das westliche Verständnis von ‚Entwicklung' wird als universal verstanden. Die westliche Moderne wird durch die unhinterfragte Anwendung des Begriffs sowie die Zielformulierung von ‚Entwicklung' im Sinne der westlichen ökonomischen Entwicklung als universal und alternativlos konstruiert. (K111B1)

Wird bzw. wie wird universalistisches Denken (westliche Entwicklung, westliche Zivilisation und Demokratie als Maxime) deutlich? (siehe dazu Conrad, Randeria 2013: 56)

- Demokratie spielt keine Rolle im untersuchten Diskurs
- K115 Westliche Staaten setzen Werte und Maßstäbe im Diskurs
- K115A Werte und Maßstäbe wie ‚Gerechtigkeit', ‚Zivilisation' und ‚Entwicklung' werden von westlichen Staaten definiert
- K115C Im Vordergrund stehen die Werte ‚Nachhaltigkeit' (ohne sich von Wachstum abzukoppeln) und ‚Entwicklung'
- K115D Bevorzugen westlichen Wissens über den Klimawandel

Inwiefern werden westliche Gesellschaften als „fortschrittlicher" bzw. „moderner" bezeichnet?

- K108D3 Verantwortung führt zu einer Führungsrolle
- K108D4 Verantwortung aufgrund besonderer Kapazitäten
- K111A4 ‚Entwicklung' als von allen Seiten anerkanntes Ziel
- K111B Alternativlosigkeit zum westlichen Entwicklungsgang

Welche Rolle spielt das Konstrukt der „Entwicklung“?

- K111 Die Rolle von ‚Entwicklung‘ im untersuchten Diskurs
  - K111A Entwicklungsbegriff wird im untersuchten Diskurs unhinterfragt verwendet
  - K111A4 ‚Entwicklung‘ als von allen Seiten anerkanntes Ziel
  - K111B Alternativlosigkeit zum westlichen Entwicklungsgang
  - K111C Reproduktion der epistemischen Gewalt, die mit dem Begriff ‚Entwicklung‘ einhergeht
- K113A ‚nachhaltige Entwicklung‘ als Ziel
- K113C Festhalten an ‚Entwicklung‘ bzw. ökonomischem Wachstum

Finden sich binäre Zuschreibungen im untersuchten Diskurs? Wenn ja, welche?

- K116 Westliche binäre Zuschreibungen stützen das Macht-Wissens-Verhältnis
  - K116A ‚entwickelt‘ – ‚unterentwickelt‘
  - K116B ‘große’ vs. ‘kleine’ Ökonomie

In welchen Positionen werden Subjekte im Diskurs platziert? (siehe dazu Danielzik, Bendix 2016: 279)

- K117 Abwertung der Vertreter*innen und Forderungen der Dritten Welt
  - K117A Unterscheidung mündige Entscheidungsträger*innen vs. passive Empfänger*innen von Hilfe
  - K117B Abwertung der Forderungen der Dritte-Welt-Staaten an die Industriestaaten

(5) Was bleibt ungesagt?

„Neben der Geschichte des Wissens steht jedoch immer auch eine Geschichte der Auslassungen und des (Ver-)Schweigens“ (Conrad, Randeria 2013: 54)

Was wird nicht thematisch gesagt?

- K109 Keine Erwähnung von Kolonialismus, Neokolonialismus und/oder Imperialismus

- Gerechtigkeit:
  - K110B2 Gerechtigkeit wird nicht als Grundwert definiert
  - K110B3 Frage der Gerechtigkeit wird selten (und immer seltener) gestellt
  - K110D Darstellung des Klimawandels als Menschheitsproblem anstatt als Gerechtigkeitsproblem
- K111D Nicht-Nennung des Grundes der sog. ‚Unterentwicklung‘

Welches Wissen wird nicht mehr hinterfragt, sondern als unumstritten vorausgesetzt?

- Nicht aus Schuld oder Verantwortung, sondern aus Wohltätigkeit und Solidarität gegenüber vulnerablen Staaten betreiben Industriestaaten Klimawandelbekämpfung nach ihrer Darstellung. Die Maßnahmen werden als selbstlos und solidarisch dargestellt, nicht als Wiedergutmachung für die Verursachung des Klimawandels. Im Gegenzug wird von den Dritte-Welt-Staaten teilweise auch selbst internationale Solidarität aus Großzügigkeit (wie unter ‚Brüdern‘), nicht aber wegen der Gerechtigkeit (wie es bei einem Anwalt der Fall wäre).
  - K107A Klimawandelbekämpfung als solidarischer Akt
  - K107B Übernahme dieser Darstellung teilweise auch von Dritte-Welt-Staaten
- Da der Begriff in den Beschlüssen verwendet wird, schließe ich darauf, dass er im Diskurs nicht weiter hinterfragt wird und darüber hinaus, dass er eine gewisse Objektivität ausstrahlt bzw. als objektive Bezeichnung gilt.
  - K111A2 Bezeichnung ‚Entwicklungsland‘ strahlt Objektivität aus
- K113E Voraussetzung des Wissens um die Vereinbarkeit von Wachstum und Nachhaltigkeit
- Westliches Wissen, wie der Klimawandel bewältigt werden soll, wird als legitimes Wissen anerkannt und hat eine besondere Position im Diskurs: Daher werden westliche Bewältigungsstrategien wie Technologieentwicklung, ‚nachhaltige Entwicklung‘ und die ‚Grüne Ökonomie‘ in den Vordergrund gestellt.
  - K115D Bevorzugen westlichen Wissens über den Klimawandel

Wieso werden bestimmte Themen ausgeklammert und nicht explizit formuliert?

- Schuld und Verantwortung:
  Die Nennung von Verantwortung/Schuld erfolgt im Zusammenhang mit der Rechtfertigung von Forderungen (Dritte-Welt-Staaten). Die Nicht-Nennung erfolgt meist daher, da konfrontative Forderungen nicht ‚konsensfähig' sind und auf den Klimakonferenzen nach dem Einstimmigkeitsprinzip ein Konsens nötig ist.
  Die Nicht-Nennung dieses Themas von Seiten der Industriestaaten erfolgt aus dem Grund, dass damit Forderungen einhergehen könnten. Wenn dies genannt wird, dann nicht im Zusammenhang mit Verpflichtungen, sondern eher im Sinne einer Führungsrolle
  - K108B2 Vermeidung der Erwähnung von Schuld
  - K108C Häufiger Verwendung von ‚Verantwortung' als von Schuld
  - K108E Taktische Nennung und Nicht-Nennung von Verantwortung und Schuld
- Kolonialismus, Neokolonialismus und/oder Imperialismus:
  Kolonialismus, Neokolonialismus und Imperialismus werden in keiner Weise erwähnt. Zwar sind diese nicht direkt mit der Klimapolitik/dem Klimawandel verbunden, doch sie bestimmen das Machtverhältnis und heutige Ungleichheitsstrukturen zwischen den Staaten. Auch gibt es eine Zusammenhang mit der Umweltzerstörung und dem Klimawandel. Zwar wird vereinzelt die ökologische Schuld genannt, niemals aber ein Zusammenhang mit Kolonialismus oder Imperialismus sowie neokolonialen Strukturen. Das Thema wird in diesem Diskurs totgeschwiegen, obwohl es die Beziehung zwischen den Staaten bestimmt und auch im Zusammenhang mit Kompensationsforderungen an die Industriestaaten argumentativ unterstützend wäre. (K109)
- Gerechtigkeit:
  - K110A2 Klimagerechtigkeit nicht durchsetzbar aufgrund Macht der Industriestaaten
- Nicht-Nennung des Grundes der sog. ‚Unterentwicklung':
  - Ich vermute, dies wird nicht genannt, da sonst ein Zusammenhang mit Kolonialismus, Imperialismus und ökologischer Schuld herstellbar wäre (K111D).

(6) Welche Macht-Wissens-Verhältnisse sind erkennbar?

Welche Mächte bzw. Machtmechanismen wirken hier?

- K120 Mächtigere Position der Industriestaaten
- Andauern neokolonialer Strukturen auf ökonomischer, ökologischer und epistemischer Ebene

Welche Machtverhältnisse bestehen bei der Bearbeitung der Themenstellungen?

- K120 Mächtigere Position der Industriestaaten
  - K120A Abhängigkeit der Beschlüsse von dem Willen der Industriestaaten
  - K120B Industriestaaten nehmen die ‚Führungsrolle' bei der Klimawandelbekämpfung ein
  - K120C Deutungshoheit der westlichen Staaten über Werte wie Gerechtigkeit
  - K120D Machtverhältnis rechtfertigt die Nichtkompensation von L&D

Womit wird eine möglicherweise ungleiche Machtverteilung gerechtfertigt?

- K107A Klimawandelbekämpfung als solidarischer Akt
- K108D3 Verantwortung führt zu einer Führungsrolle
- K108D4 Verantwortung aufgrund besonderer Kapazitäten
- K108F Die Schuld der Dritte-Welt-Staaten
- Durch die unhinterfragte Verwendung des Begriffes ‚Entwicklung' (K111)
- K119B4 Mehr Erfolg durch nicht-konfrontatives Auftreten

Welches Wissen stützt diese Machtverhältnisse bzw. mit welchem Wissen gehen sie einher?

- Von Industriestaaten wird der Klimawandel vielfach als eine Katastrophe, als ein Naturphänomen, als Unfall dargestellt. Er ist unkontrollierbar und unvorhersehbar und kommt als eine solche Bedrohung auf ‚uns alle' zu. Eine solche Darstellung des Klimawandels lenkt davon ab, dass der Klimawandel lange Zeit vorausgesagt wurde und sein Ausmaß zumindest abschätzbar. Dass er von den Industriestaaten verursacht wurde und weiter verursacht wird. Eine solche Erzählung lenkt ab von der Schuld der Industriestaaten, da sie verdeutlicht, dass der Klimawandel unvorhersehbar war und die Folgen möglichen Fehlverhaltens nicht absehbar und daher das Fehlverhalten auch nicht belangbar ist.

  - K106 Klimawandel als Unfall

- K110D Darstellung des Klimawandels als Menschheitsproblem anstatt als Gerechtigkeitsproblem
- K111A Entwicklungsbegriff wird im untersuchten Diskurs unhinterfragt verwendet
- K112A Verwendung neokolonialer Muster in der Sprache
- K113E Voraussetzung des Wissens um die Vereinbarkeit von Wachstum und Nachhaltigkeit
- K115 Westliche Staaten setzen Werte und Maßstäbe im Diskurs
- K116 Westliche binäre Zuschreibungen stützen das Macht-Wissens-Verhältnis
- K117 Abwertung der Vertreter*innen und Forderungen der Dritten Welt

Literatur

Acción Ecológica (2000): Trade, climate change and the ecological debt. Nicht veröffentlichtes Paper, Quito.

Agarwal, Anil; Narain, Sunita (1992): Globale Erwärmung in einer ungleichen Welt. Ein Fall von Öko-Kolonialismus. Inning: Anarche.

Bals, Christoph; Kreft, Sönke; Weischer, Lutz (2016): Wendepunkt auf dem Weg in eine neue Epoche der globalen Klima- und Energiepolitik. Die Ergebnisse des Pariser Klimagipfels COP 21. www.germanwatch.org/de/11492. Zugegriffen: 31.12.2019.

Bals, Christoph; Schwarz, Rixa; Ryfisch, David; Herzig, Linus; Schäfer, Laura; Künzel, Vera (2019): Erste Bewertung der Ergebnisse des Klimagipfels COP 25 in Madrid durch Germanwatch. https://www.germanwatch.org/de/17459. Zugegriffen: 01.01.2020.

Bals, Christoph; Schwarz, Rixa; Weischer, Lutz; Baldrich, Roxana; Eckstein, David; Freytag, Caterina; Grimm, Julia; Künzel, Vera; Pouget, Marine; Schäfer, Laura; Treber, Manfred (2017): Fidschi zu Gast in Bonn. Analyse der Ergebnisse des Klimagipfels 2017. www.germanwatch.org/de/14860. Zugegriffen: 31.12.2019.

Barfuss, Thomas; Jehle, Peter (2014): Antonio Gramsci zur Einführung. Hamburg: Junius.

Bauriedl, Sybille (2016): Politische Ökologie: nicht-deterministische, globale und materielle Dimensionen von Natur/Gesellschaft-Verhältnissen. Geographica Helvetica 71, 341-351.

Becker, Lia; Candeias, Mario; Niggemann, Janek; Steckner, Anne (2013): Gramsci lesen. Einstiege in die Gefängnishefte. Hamburg: Argument.

Berger, Axel; Brautigam, Deborah; Baumgartner, Philipp (2011): Warum sind wir so kritisch gegenüber China in Afrika? Die aktuelle Kolumne 15.08.2011. Bonn: DIE, Deutsches Institut für Entwicklungspolitik.

Berger, Peter L., Luckmann, Thomas (2013): Die gesellschaftliche Konstruktion der Wirklichkeit. Eine Theorie der Wissenssoziologie. Frankfurt a. M.: Fischer.

Bernicat, Marica (2019): United States National Statement at UNFCCC COP25. https://www.state.gov/united-states-national-statement-at-unfccc-cop25/. Zugegriffen: 05.01.2020.

BMU, Bundesministerium für Umwelt, Naturschutz und Nukleare Sicherheit (2018): Die 2030-Agenda für Nachhaltige Entwicklung.

https://www.bmu.de/themen/nachhaltigkeit-internationales/nachhaltige-entwicklung/2030-agenda/. Zugegriffen: 04. März 2019.

BMWi, Bundesministerium für Wirtschaft und Energie (2019): Abkommen von Paris. https://www.bmwi.de/Redaktion/DE/Artikel/Industrie/klimaschutz-abkommen-von-paris.html. Zugegriffen: 28.12.2019.

Boatča, Manuela (2015): Postkolonialismus und Dekolonialität. In Boatča, Manuela; Fischer, Karin; Hauck Gerhard (Hg.): Handbuch Entwicklungsforschung. Springer NachschlageWissen. doi: https://doi.org/10.1007/978-3-658-05675-9_11-1.

Brand, Ulrich; Wissen, Markus (2011): Sozial-ökologische Krise und imperiale Lebensweise. Zu Krise und Kontinuität kapitalistischer Naturverhältnisse. In Demirović, Alex; Dück, Julia; Becker, Florian; Bader, Pauline (Hg.): VielfachKrise. Im finanzmarktdominierten Kapitalismus (79-94). Hamburg: VSA.

Breuer, Franz (2010): Reflexive Grounded Theory. Eine Einführung für die Forschungspraxis. Wiesbaden: Springer VS.

Brunner, Claudia (2016a): Das Konzept epistemische Gewalt als Element einer transdisziplinären Friedens- und Konflikttheorie. In Wintersteiner, Werner; Wolf, Lisa (Hg.): Friedensforschung in Österreich: Bilanz und Perspektiven (S. 38-53). Klagenfurt: Drava. doi: https://doi.org/10.25595/146.

Brunner, Claudia (2016b): Gewalt weiter denken in der Kolonialität des Wissens. In Ziai, Aram (Hg.): Postkoloniale Politikwissenschaft. Theoretische und empirische Zugänge (S. 91-108). Bielefeld: transcript.

Bryant, Raymond L.; Bailey, Sinead (2005): Third World Political Ecology. London/New York: Routledge.

Calliari, Elisa; Surminski, Swenja; Mysiak, Jaroslav (2019): Th Politics of (and Behind) the UNFCCC's Loss and Damage Mechanism. In Mechler, Reinhard; Bouwer, Laurens M.; Schinko, Thomas; Surminski, Swenja; Linnerooth-Bayer, JoAnne (Hg.): Loss and Damage from Climate Change. Concepts, Methods and Policy Options (S. 155-178). Cham: Springer Open. doi: https://doi.org/10.1007/978-3-319-72026-5.

Castro Varela, María do Mar; Dhawan, Nikita (2015): Postkoloniale Theorie. Eine kritische Einführung. Bielefeld: transcript.

Chakrabarty, Dipesh (2011): Verändert der Klimawandel die Geschichtsschreibung? Transit. Europäische Revue 41, S. 143-163.

Chibber, Vivek (2018): Postkoloniale Theorie und das Gespenst des Kapitals. Berlin: Dietz.

Clarke, Adele E. (2012): Situationsanalyse. Grounded Theory nach dem Postmodern Turn. Wiesbaden: Springer VS.

Conrad, Sebastian; Randeria, Shalini (2013): Einleitung: Geteilte Geschichten – Europa in einer postkolonialen Welt. In Conrad, Sebastian; Randeria, Shalini; Römhild, Regina (Hg.): Jenseits des Eurozentrismus. Postkoloniale Perspektiven in den Geschichts- und Kulturwissenschaften (S. 32-72). Frankfurt a. M.: Campus.

Daly, Herman E. (1994): Die Wachstumsdebatte: Was einige Ökonomen gelernt haben, viele aber nicht. Kaiserslautern: Universität Kaiserslautern.

Daly, Herman E. (1999): Wirtschaft jenseits von Wachstum. Die Volkswirtschaftslehre nachhaltiger Entwicklung. Salzburg: Verlag Anton Pustet.

Danielzik, Chandra-Milena; Bendix, Daniel (2016): Mit dem postkolonialen Pflug über entwicklungspolitische Felder. In Ziai, Aram (Hg.): Postkoloniale Politikwissenschaft. Theoretische und empirische Zugänge (S. 273-291). Bielefeld: transcript.

Dietz, Kristina; Engels, Bettina (2015): Umwelt und Entwicklung. In Boatča, Manuela; Fischer, Karin; Hauck Gerhard (Hg.): Handbuch Entwicklungsforschung. Springer NachschlageWissen. doi: https://doi.org/10.1007/978-3-658-05675-9_25-1.

Dinkel, Jürgen (2014): „Dritte Welt" – Geschichte und Semantiken. Docupedia-Zeitgeschichte. doi: http://dx.doi.org/10.14765/zzf.dok.2.596.v1.

Edenhofer, Ottmar; Jakob, Michael (2019): Klimapolitik. Ziele, Konflike, Lösungen. München: C.H. Beck.

Ekardt, Felix; Wieding, Jutta (2016): Rechtlicher Aussagegehalt des Paris-Abkommen – eine Analyse der einzelnen Artikel. Zeitschrift für Umweltpolitik & Umweltrecht 39, ZfU Sonderheft 2016, S. 36-57.

Ernst, Gerhard (2011): Einführung in die Erkenntnistheorie. Darmstadt: WBG, Wissenschaftli-che Buchgesellschaft.

Escobar, Arturo (1995): Encountering Development. The Making and Unmaking of the Third World. Princeton: Princeton UP.

Estermann, Josef (2010): „Gut Leben" als politische Utopie. Die andine Konzeption des „Guten Lebens" und dessen Umsetzung im demokratischen Sozialismus Boliviens. In: Fornet-Betancourt, Raúl (Hg.): Gutes Leben als humanisiertes Leben. Vorstellungen vom guten Leben in den Kultiren und ihre Bedeutung für Politik und Gesellschaft heute. Aachen: Wissenschaftsverlag Mainz.

Federici, Silvia (2018): Caliban und die Hexe. Frauen, der Körper und die ursprüngliche Akkumulation. Wien/Berlin: Mandelbaum.

Foster, John B.; Clark, Brett (2009): Ecological Imperialism: The Curse of Capitalism. In Panitch, Leo; Leys, Colin (Hg.): The New Imperial Challenge, Socialist Register 40, S. 186–201.

Foucault, Michel (1973): Archäologie des Wissens. Frankfurt a. M.: Suhrkamp.

Foucault, Michel (1974): Die Ordnung des Diskurses: Inauguralvorlesung am Collège de France, 2. Dezember 1970. München: Carl Hanser.

Foucault, Michel (1992): Was ist Kritik? Berlin: Merve.

Franke, Ulrich; Roos, Ulrich (2017): Rekonstruktive Ansätze in den Internationalen Beziehun-gen und der Weltpolitikforschung: Objektive Hermeneutik und Grounded Theory. In Sauer, Frank; Masala, Carlo (Hg.): Handbuch Internationale Beziehungen. Wiesbaden: Springer VS.

Glaser, Barney G.; Strauss, Anselm L. (1967): The Discovery of Grounded Theory: Strategies for Qualitative Research. Chicago: Aldine.

Goldberg, Jörg (2010): Afrika und die neuen asiatischen Wirtschaftsmächte: Entwicklungspartnerschaft oder Balgerei um Rohstoffe? PROKLA. Zeitschrift für kritische Sozialwissenschaft 40-161, S. 585-603.

Grosfoguel, Ramón (2007): The Epistemic Decolonial Turn. Beyond political-economy paradigms. Cultural Studies 21: 2-3/2007, S. 211-223.

Grosfoguel, Ramón (2011): Decolonizing Post-Colonial Studies and Paradigms of Political-Economy: Transmodernity, Decolonial Thinking, and Global Coloniality. TRANSMODERNITY: Journal of Peripheral Cultural Production of the Luso-Hispanic World, 1(1). https://escholarship.org/uc/item/21k6t3fq. Zugegriffen: 26.01.2020.

Hall, Stuart (2012): Der Westen und der Rest: Diskurs und Macht. In Ders.: Rassismus und kulturelle Identität. Ausgewählte Schriften/2 (S. 137-179). Hamburg: Argument.

Hirsch, Thomas; Minninger, Sabine; Wirsching, Sophia; Kreft, Soenke; Kuenzel, Vera; Schaefer, Laura; Chinoko, Vitumbiko; Chhetri, Raju; Kassa; Endeshaw; Mandal, Tirthankar; Shamsuddoha, Md; Shiblee, Khalid (2016): Making Paris Work for Vulnerable Populations. Closing the Climate Risk Gap. Berlin: Bread for the World.

IPCC, Intergovernmental Panel on Climate Change (2014): Climate Change 2014. Mitigation of Climate Change. IPCC Working Group III Contribution to AR5.

https://www.ipcc.ch/site/assets/uploads/2018/02/ipcc_wg3_ar5_full.pdf. Zugegriffen: 28.12.2019.

Keller, Reiner (2007): Diskurse und Dispositive analysieren. Die Wissenssoziologische Diskursanalyse als Beitrag zu einer wissensanalytischen Profilierung der Diskursforschung. Forum Qualitative Sozialforschung 8(2). http://nbn-resolving.de/urn:nbn:de:0114-fqs0702198. Zugegriffen: 22.06.2018.

Keller, Reiner (2008): Michel Foucault. Konstanz: UVK.

Keller, Reiner (2011a): Diskursforschung. Eine Einführung für SozialwissenschaftlerInnen. Wiesbaden: Springer VS.

Keller, Reiner (2011b): Wissenssoziologische Diskursanalyse. Grundlegung eines Forschungs-programms. Wiesbaden: Springer VS.

Keller, Reiner; Truschkat, Inga (Hg.) (2013): Methodologie und Praxis der Wissenssoziologi-schen Diskursanalyse. Band 1: Interdisziplinäre Perspektiven. Wiesbaden: Springer VS.

Kerner, Ina (2012): Postkoloniale Theorien zur Einführung. Hamburg: Junius.

Krueger, Anna (2018): Die Bindung der Dritten Welt an das postkoloniale Völkerrecht. Beiträge zum ausländischen öffentlichen Recht und Völkerrecht 264. doi: https://doi.org/10.1007/978-3-662-54413-6.

Lanteigne, Marc (2020): Chinese Foreign Policy. An Introduction. London/New York: Routledge.

Lenin, Wladimir I. (1987): Der Imperialismus als höchstes Stadium des Kapitalismus. In: Ders.: Ausgewählte Werke (S. 154-257). Moskau: Progress.

Linnerooth-Bayer, JoAnne; Surminski, Swenja; Bouwer, Laurens M.; Noy, Ilan; Mechler, Reinhard (2019): Insurance as a Response to Loss and Damage? In Mechler, Reinhard; Bouwer, Laurens M.; Schinko, Thomas; Surminski, Swenja; Linnerooth-Bayer, JoAnne (Hg.): Loss and Damage from Climate Change. Concepts, Methods and Policy Options (S. 483-512). Cham: Springer Open. doi: https://doi.org/10.1007/978-3-319-72026-5.

Meadows, Dennis, Meadows, Donella, Zahn, Erich, Milling, Peter (1972): Die Grenzen das Wachstums. Bericht des Club of Rome zur Lage der Menschheit. Stuttgart: Deutsche Ver-lags-Anstalt.

Mechler, Reinhard; Calliari, Elisa; Bouwer, Laurens M.; Schinko, Thomas; Surminski, Swenja; Linnerooth-Bayer, JoAnne; Aerts, Jeroen; Botzen, Wouter; Boyd, Emily; Deckard, Natalie Delia; Fuglestvedt, Jan S.; González-Eguino, Mikel; Haasnoot, Marjolijn; Handmer, John; Haque, Masroora; Heslin, Alison; Hochrainer-Stigler, Stefan; Huggel, Christian; Huq, Saleemul; James, Rachel; Jones, Richard G.; Juhola, Sirkku; Keating, Adriana; Kienberger, Stefan; Kreft, Sönke; Kuik, Onno; Landauer, Mia; Laurien, Finn; Lawrence, Judy; Lopez, Ana; Liu, Wei; Magnuszewski, Piotr; Markandya, Anil; Mayer, Benoit; McCallum, Ian; McQuistan, Colin; Meyer, Lukas; Mintz-Woo, Kian; Montero-Colbert, Arianna; Mysiak, Jaroslav; Nalau, Johanna; Noy, Ilan; Oakes, Robert; Otto, Friederike E. L.; Pervin, Mousumi; Roberts, Erin; Schäfer, Laura; Scussolini, Paolo; Serdeczny, Olivia; de Sherbinin, Alex; Simlinger, Florentina; Sitati, Asha; Sultana, Saibeen; Young, Hannah R.; van der Geest, Kees; van den Homberg, Marc; Wallimann-Helmer, Ivo; Warner, Koko; Zommers, Zinta (2019): Science for Loss and Damage. Findings and Propositions. In Mechler, Reinhard; Bouwer, Laurens M.; Schinko, Thomas; Surminski, Swenja; Linnerooth-Bayer, JoAnne (Hg.): Loss and Damage from Climate Change. Concepts, Methods and Policy Options (S. 3-38). Cham: Springer Open. doi: https://doi.org/10.1007/978-3-319-72026-5.

Mignolo, Walter D. (2005): The Idea of Latin America. Malden, MA: Blackwell.

Mignolo, Walter D. (2019): Epistemischer Ungehorsam. Rhetorik der Moderne, Logik der Kolonialität und Grammatik der Dekolonialität. Wien: Turia + Kant.

Mihatsch, Christian; Reimer, Nick (2015): Pariser Klimaabkommen: Ein Blick in die Paragrafen. http://www.klimaretter.info/klimakonferenz/klimagipfel-paris/hintergrund/20315-pariser-klimaabkommen-ein-blick-in-die-paragrafen. Zugegriffen: 27.12.2019.

Moraña, Mabel; Dussel, Enrique; Jáuregui, Carlos A. (2008): Colonialism and its Replicants. In Dies. (Hg.): Coloniality at Large. Latin America and the Postcolonial Debate (S. 1-20). Durham/London: Duke University Press.

Müller, Franziska (2016): Von Wissensproduktion, Weltordnung und ‚worldism'. Postkoloniale Kritiken und dekoloniale Forschungsstrategien in den Internationalen Beziehungen. In Ziai, Aram (Hg.): Postkoloniale Politikwissenschaft. Theoretische und empirische Zugänge (S. 235-254). Bielefeld: transcript.

Nkrumah, Kwame (1965): Neo-Colonialism, The Last Stage of Imperialism. London: Thomas Nelson and Sons Ltd.

OECD, Organisation for Economic Co-operation and Development (2018): About the OECD. http://www.oecd.org/about/. Zugegriffen: 04.03.2019.

Oqubay, Arkebe; Lin, Justin Y. (2019): Introduction to China–Africa and an Economic Transformation. In Dies. (Hg.): China–Africa and an Economic Transformation. Oxford: Oxford University Press.

Quijano, Aníbal (2000): Coloniality of Power, Eurocentrism, and Latin America. NEPANTLA 1-3, S. 533-580.

Quijano, Ánibal (2007): Coloniality and Modernity/Rationality. Cultural Studies 21: 2-3/2007, S. 168-178.

Rahman, Lea (2020): Wirtschaftswachstum und Nachhaltigkeit im Diskurs über die Digitalisierung im Bildungssystem. In Roos, Ulrich (Hg.): Nachhaltigkeit, Postwachstum, Transformation. Eine Rekonstruktion wesentlicher Arenen und Narrative des globalen Nachhaltigkeits- und Transformationsdiskurses (S. 113-141). Wiesbaden: Springer VS.

Randeria, Shalini (2009): Ökologische Governance: Zwangsumsiedlung und Rechtspluralismus im (post-)kolonialen Indien. Femina Politica 2, S. 41–51.

Roos, Ulrich (2013): Grounded Theory als Instrument der Weltpolitikforschung. Die Rekonstruktion außenpolitischer Kultur als Beispiel. In: Franke, Ulrich, Roos, Ulrich (Hg.): Rekonstruktive Methoden der Weltpolitikforschung. Anwendungsbeispiele und Entwicklungstendenzen. Baden-Baden: Nomos.

Said, Edward W. (1994): Kultur und Imperialismus. Frankfurt a. M.: Fischer.

Said, Edward W. (2017): Orientalismus. Frankfurt a. M.: Fischer.

Santarius, Tilman (2013): Der Rebound-Effekt: Die Illusion des grünen Wachstums. Blätter für deutsche und internationale Politik 12/2013, S. 67-74.

Sauvy, Alfred (1986): Trois mondes, une planète. Vingtième Siècle. Revue d'histoire 12/1986, S. 81-83.

Schroer, M. (2017): Poststrukturalistische Soziologie: Michel Foucault (1926-1984). In: Dies. (Hg.): Soziologische Theorie (S. 341-369). Paderborn: Wilhelm Fink.

Schumacher, Juliane (2016): Loss and Damage! Was bedeutet gerechte Klimapolitik? Berlin: Rosa-Luxemburg-Stiftung.

Schurz, Gerhard (2013): Wertneutralität und hypothetische Werturteile in den Wissenschaften. In: Schurz, Gerhard, Carrier, Martin (Hg.): Werte in den Wissenschaften. Neue Ansätze zum Werturteilsstreit (S. 305-334). Berlin: Suhrkamp.

Schwarz, Rixa; Bals, Christoph; Baldrich, Roxana; Eckstein, David; Hutfils, Marie-Luise; Pouget, Marine; Treber, Manfred; Winges, Maik (2019): Umsetzungsregeln für das Paris-Abkommen beschlossen. Auswertung der Ergebnisse der COP24 in Katowice. www.germanwatch.org/de/16417. Zugegriffen: 31.12.2019.

Simlinger, Florentina; Mayer, Benoit (2019): Legal Responses to Climate Change Induced Loss and Damage. In Mechler, Reinhard; Bouwer, Laurens M.; Schinko, Thomas; Surminski, Swenja; Linnerooth-Bayer, JoAnne (Hg.): Loss and Damage from Climate Change. Concepts, Methods and Policy Options (S. 179-203). Cham: Springer Open. doi: https://doi.org/10.1007/978-3-319-72026-5.

Smith, Neil (2010): Uneven Development. Nature, Capital and the Production of Space. London: Verso.

Spivak, Gayatri C. (2016): Can the Subaltern Speak? Postkolonialität und subalterne Artikulation. Wien: Turia + Kant.

Spohn, Winfried (2010): Globale, multiple und (post-)koloniale Modernen – eine interzivilisatorische und historisch-soziologische Perspektive. In: Boatcă, Manuele; Spohn, Winfried (Hg.): Globale, multiple und postkoloniale Modernen (S. 1-28). München, Mering: Rainer Hampp.

Strübing, Jörg (2004): Grounded Theory. Zur sozialtheoretischen und epistemologischen Fun-dierung des Verfahrens der empirisch begründeten Theoriebildung. Wiesbaden: Springer VS.

Valentine, Douglas (2017): The CIA as Organized Crime. How Illegal Operations Corrupt America and the World. Atlanta, GA: Clarity Press.

van de Looy, Judith (2006): Africa and China: A Strategic Partnership? ASC Working Paper 67/2006. Leiden: African Studies Centre.

Vázquez, Rolando (2011): Translation as Erasure: Thoughts on Modernity's Epistemic Violence. Journal of Historical Sociology 1/2011. doi: 10.1111/j.1467-6443.2011.01387.x.

Weizsäcker, Ernst Ulrich, Wijkman, Anders et al. (2017): Wir sind dran. Was wir ändern müssen, wenn wir bleiben wollen. Gütersloh: Gütersloher Verlagshaus.

Wolf, Klaus Dieter (2010): Die UNO. Geschichte, Aufgaben, Perspektiven. München: C.H. Beck.

Ziai, Aram (2006): Zwischen Global Governance und Post-Development. Entwicklungspolitik aus diskursanalytischer Perspektive. Münster: Westfälisches Dampfboot.

Ziai, Aram (2010): Postkoloniale Perspektiven auf ‚Entwicklung'. PERIPHERIE 120, S.399-426.

Ziai, Aram (2016): Postkoloniale Studien und Politikwissenschaft. Komplementäre Defizite und ein Forschungsprogramm. In Ziai, Aram (Hg.): Postkoloniale Politikwissenschaft. Theoretische und empirische Zugänge (S. 25-45). Bielefeld: transcript.

Zitiertes Datenmaterial

Bongo Ondimba, Ali-Ben (2017): Pleniere d'Ouverture du Segment de Haut Niveau de la COP 23. https://unfccc.int/files/meetings/bonn_nov_2017/statements/application/pdf/gabon_cop23cmp13cma1-2_hls_fr.pdf. Zugegriffen: 11.03.2020.

Browne, Gaston A. (2015): Statement by Honourable Gaston Browne Prime Minister Of Antigua and Barbuda at the Meeting of Global Heads of Government at the UN Conference on Climate Change. https://unfccc.int/files/meetings/paris_nov_2015/application/pdf/cop21cmp11_leaders_event_ant-barb.pdf. Zugegriffen: 11.02.2020.

Chan-O-Cha, Prayut (2015): Statement by His Excellency General Prayut Chan-o-cha (Ret.),Prime Minister of the Kingdom of Thailand, at the Leaders-Event for Heads of State and Government during the Twenty-first session of the Conference of the Parties to the United Nations Framework Convention on Climate Change. https://unfccc.int/files/meetings/paris_nov_2015/application/pdf/cop21cmp11_leaders_event_thailand.pdf. Zugegriffen: 11.02.2020.

Christie, Perry G. (2015): Statement by The Rt. Hon. Perry G. Christie Prime Minister and Minister of Finance Commonwealth of The Bahamas. https://unfccc.int/files/meetings/paris_nov_2015/application/pdf/cop21cmp11_leaders_event_bahamas.pdf. Zugegriffen: 11.02.2020.

Correa, Rafael (2015): United Nations Conference on Climate Change. https://unfccc.int/files/meetings/paris_nov_2015/application/pdf/cop21cmp11_leaders_event_ecuador_en.pdf. Zugegriffen: 11.02.2020.

Dion, Stéphane (2017): Canada's national statement at COP23: speaking notes of Stéphane Dion, Canada's ambassador to Germany. https://unfccc.int/files/meetings/bonn_nov_2017/statements/application/pdf/canada_cop23cmp13cma1-2_hls.pdf. Zugegriffen: 11.03.2020.

Fahmy, Khaled (2015): High-Level-Segment Statement COP 21/CMP 11. Ägypten, im Namen der AGN. https://unfccc.int/files/meetings/paris_nov_2015/application/pdf/cop21cmp11_hls_speech_agn_egypt.pdf. Zugegriffen: 31.03.2020.

Faymann, Werner (2015): Statement by Werner Faymann. Federal Chancellor of Austria. https://unfccc.int/files/meetings/paris_nov_2015/application/pdf/cop21cmp11_leaders_event_austria.pdf. Zugegriffen: 11.02.2020.

Figueroa, Omar (2019): AOSIS Statement UNFCCC COP 25. https://unfccc.int/sites/default/files/resource/BELIZE_AOSIS_cop25cmp15cma2_HLS_EN.pdf. Zugegriffen: 05.01.2020.

Issoufou, Mahamadou (2016): Vingt-deuxieme conference des nations sur les changements climatiques (COP22). https://unfccc.int/files/meetings/marrakech_nov_2016/statements/application/pdf/niger_cop22cmp12cma1_hls_fr.pdf. Zugegriffen: 11.03.2020.

Merkel, Angela (2015): Statement by Federal Chancellor Angela Merkel at the United Nations Climate Change Conference. https://unfccc.int/files/meetings/paris_nov_2015/application/pdf/cop21cmp11_leaders_event_germany.pdf. Zugegriffen: 11.02.2020.

Merkel, Angela (2017): Rede von Bundeskanzlerin Merkel im Rahmen der UN-Klimakonferenz COP 23 am 15. November 2017 in Bonn. https://unfccc.int/files/meetings/bonn_nov_2017/statements/application/pdf/germany_cop23cmp13cma1-2_hls.pdf. Zugegriffen: 11.03.2020.

Mugabe, Robert G. (2015): Statement by his Excellency the President of the Republic of Zimbabwe and Chairman of the African Union, Comrade R.G. Mugabe. https://unfccc.int/files/meetings/paris_nov_2015/application/pdf/cop21cmp11_leaders_event_zimbabwe.pdf. Zugegriffen: 11.02.2020.

Sharif, Nawaz (2015): Statement by the Prime Minister at the Inaugural Session of The 21stConference of the Parties to the UN Framework Convention on Climate Change. https://unfccc.int/files/meetings/paris_nov_2015/application/pdf/cop21cmp11_leaders_event_pakistan.pdf. Zugegriffen: 11.02.2020.

Ssekandi, Edward K. (2015): Statement by Edward K. Ssekandi, Vice President and Head of Uganda Delegation at the Leaders-Event. https://unfccc.int/files/meetings/paris_nov_2015/application/pdf/cop21cmp11_leaders_event_uganda.pdf. Zugegriffen: 11.02.2020.

Übereinkommen, Beschlüsse und Gesetzestexte

1/CP.21, Adoption of the Paris Agreement. https://unfccc.int/documents/9097. 29. Januar 2016.

12/CP.25, Report of the Green Climate Fund to the Conference of the Parties and guidance to the Green Climate Fund. https://unfccc.int/documents/210476. 16. März 2020.

19/CMA.1, Matters relating to Article 14 of the Paris Agreement and paragraphs 99–101 of decision 1/CP.21, https://unfccc.int/documents/193408. 19. März 2019.

2/CMA.2, Warsaw International Mechanism for Loss and Damage associated with Climate Change Impacts and its 2019 review. https://unfccc.int/documents/210477. 16. März 2020.

2/CP.19, Warsaw international mechanism for loss and damage associated with climate change impacts. https://unfccc.int/documents/8106. 31. Januar 2014.

3/CP.22, Warsaw International Mechanism for Loss and Damage associated with Climate Change Impacts. https://unfccc.int/documents/9673. 31. Januar 2017.

5/CP.23, Warsaw International Mechanism for Loss and Damage associated with Climate Change Impacts. https://unfccc.int/documents/65126. 8. Februar 2018.

CBD, Convention on Biological Diversity. https://www.cbd.int/doc/legal/cbd-en.pdf. 5. Juni 1992.

Kyoto-Protokoll, Protokoll von Kyoto zum Rahmenübereinkommen der Vereinten Nationen über Klimaänderungen. https://www.bmu.de/fileadmin/Daten_BMU/Download_PDF/Gesetze/kyoto_protokoll.pdf. 11. Dezember 1997.

PA, Paris Agreement. https://unfccc.int/documents/9097. 29. Januar 2016.

PA, Übereinkommen von Paris. https://www.bmu.de/fileadmin/Daten_BMU/Download_PDF/Klimaschutz/paris_abkommen_bf.pdf. 12. Dezember 2015.

UNFCCC, Rahmenübereinkommen der Vereinten Nationen über Klimaänderungen. https://unfccc.int/resource/docs/convkp/convger.pdf. 9. Mai 1992.

USG, Umweltschutzgesetz. Bundesgesetz über den Umweltschutz. https://www.admin.ch/opc/de/classified-compilation/19830267/201504010000/814.01.pdf. 7. Oktober 1983.

Bei diesem Buch handelt es sich um eine überarbeitete Version meiner im April 2020 eingereichten B.A.-Abschlussarbeit. Besonderer Dank gilt Ulrich Roos für die Betreuung der Arbeit, die mit wertvoller Kritik sowie wichtigen Hinweisen verbunden war. Ich danke außerdem für die Begleitung und Ermutigung zu dieser Publikation und das Verfassen des Vorworts. Michaela Zöhrer danke ich für die Zweit-Begutachtung sowie wegweisende Literaturempfehlungen bei der Beschäftigung mit der postkolonialen Theorietradition. Großer Dank gilt außerdem Yannic Hollstein für die zahlreichen Diskussionen und Hinweise, die diese Arbeit weitaus reflektierter und vielschichtiger gemacht haben, als sie ohne diesen stetigen Austausch geworden wäre. Trotz dieser vielseitigen Unterstützung habe ich sämtliche Mängel dieser Arbeit selbstverständlich selbst zu verantworten.

Zeitfracht Medien GmbH
Ferdinand-Jühlke-Straße 7
99095 Erfurt, Deutschland
produktsicherheit@kolibri360.de